听心理咨询师
讲故事

王敏 编著

中国纺织出版社有限公司

内 容 提 要

自古以来,人类对于人性奥秘的探索从未停止过,尤其是在心理治疗领域,对人性的理解是心理咨询师工作开展的前提。不仅如此,日常生活中,对于人性的理解也有助于我们开展良好的人际沟通、交流,获得和谐的人际关系,为此,我们每个人都有必要掌握一定的人性知识。

本书是一本深挖人性之本的著作,它以心理咨询师的口吻,讲述了众多和人性有关的故事,带领读者了解人性、理解他人、提升自我。无论是在人际交往,还是在心理调节方面,都能对广大读者有一定的指引作用。

图书在版编目(CIP)数据

听心理咨询师讲故事/王敏编著. --北京:中国纺织出版社有限公司,2025.6
ISBN 978-7-5229-1674-3

Ⅰ.①听… Ⅱ.①王… Ⅲ.①心理咨询—案例 Ⅳ.①B849.1

中国国家版本馆CIP数据核字(2024)第074539号

责任编辑:刘梦宇　　责任校对:王蕙莹　　责任印制:储志伟

中国纺织出版社有限公司出版发行
地址:北京市朝阳区百子湾东里A407号楼　邮政编码:100124
销售电话:010—67004422　传真:010—87155801
http://www.c-textilep.com
中国纺织出版社天猫旗舰店
官方微博 http://weibo.com/2119887771
天津千鹤文化传播有限公司印刷　各地新华书店经销
2025年6月第1版第1次印刷
开本:889×1230　1/32　印张:6.75
字数:128千字　定价:49.80元

凡购本书,如有缺页、倒页、脱页,由本社图书营销中心调换

前言

生活中，不知道你是否有以下体会：尽管与他人经常见面，也总是会交谈，但是彼此之间似乎从未真正交流过。出现这种情形的主要原因就在于，不管是在社会中还是在家庭这个小圈子里，我们都缺乏对人性的理解，进而造成我们总是做出错误的判断。

对于"人性"这一名词，人们并不陌生，也不否认它的存在，但并不了解什么才是真正的人性。人性的本质有狭义和广义两方面：狭义上是指人的本质心理属性，也就是人之所以为人的那一部分属性，是人与其他动物相区别的属性；广义上是指人普遍所具有的心理属性，其中包括人与其他动物所共有的那部分心理属性。

不得不说正是由于对于人性的理解不足，才造成了人与人之间沟通、交流乃至理解障碍。比如，在生活中有不少父母会抱怨自己无法理解孩子，而孩子也抱怨总是被父母误解。我们是否能理解他人以及理解他人的程度如何，决定了我们对他人的态度。从这点看，假如我们打算构建一个和谐的人际关系，首先就要理解他人、了解人性，这也是社会生活的基础。倘若大家都获得了对人性的足够了解，那么人与人之间的相处就没那么难了，社会也不会再纷乱复杂，也会趋于安稳和平静。不过，倘若人与人之间无法互相理解，倘若人们缺乏深层次交流，且只是受惑于简单肤浅的表面现象，那么就极有可能发生严重的冲突。

实际上，对于人性的理解并不仅限于有利于人际交往方面，更为重要的是在心理治疗领域内。要知道，心理治疗就是人性的科学，在这一医学领域内，医生只有深入了解病人内心深处的世界，才能对症下药，对病人进行有针对性的治疗。也就是说，在心理治疗领域内，患者能不能得到有效的治疗，与医生是否掌握了足够的人性知识有很大的关系。如果是日常生活中，我们对他人性格的错误理解，并不会造成多么严重的后果，原因是此类后果多半是在误判发生后的很长一段时间内才会展现出来，但是心理治疗领域就大为不同了。心理咨询师仅看表面现象是不行的，他们一旦对病理理解错误，就会对病人的健康产生巨大的负面影响。

因此，我们可以得出：我们每个人都有必要掌握一定的人性知识。那么，我们如何找到了解人性的突破口呢？

这就是我们编写本书的初衷，本书以心理咨询师的口吻阐述了人性的诸多知识，带领我们了解什么是人性，如何洞悉人性，以及如何改正自己人性中不足的部分；引导我们以更加平和的心态、更加从容稳健的步伐走好人生每一步，并且懂得体悟人生幸福。最后，希望本书能对广大读者有所帮助。

编著者

2024年7月

目录

第01章 — 001
听心理咨询师讲磨难：
专心走好脚下的路，时间会给你答案

跨栏定律：熬一熬，困境总会过去的 / 002
蘑菇定律：成长是一个过程 / 004
无论生活给予你什么，都应该笑纳 / 007
冰淇淋哲学，接受逆境的磨炼 / 010
凤凰涅槃，灾难后如何获得重生 / 012

第02章 — 017
听心理咨询师讲情绪：
每个人都要做自己情绪的体察者

詹森效应：卸下压力，轻松前行 / 018
智者从不任凭情绪控制自己 / 021
烦恼皆自找，庸人自扰之 / 024

第03章 — 029
听心理咨询师讲梦想：
心中有方向，脚下才有路

你要的机遇，藏在你的奋斗中 / 030

实力不佳时，在低调忍耐中积蓄力量 / 033

勤奋与执着，是实现梦想的唯一途径 / 037

努力再努力，终究会缔造生命的辉煌 / 041

勇敢走脚下的路，全世界都会为你让路 / 043

第04章 ——————————————— 047
听心理咨询师讲痛苦：
面向阳光，寻找希望之花

走过不同的路，看到的就是不同的风景 / 048

欲望无止境，别让它吞噬你 / 050

淡定于心，从容于行 / 053

经历再多的痛苦，心中也要有希望 / 056

第05章 ——————————————— 061
听心理咨询师讲识人：
观面识人，知人知面也要知心

洞悉人性，读懂他人的真实内心 / 062

察言观色，判断他人真伪 / 065

千人千面，如何观面识人 / 068

率真为人，表里如一 / 072

第06章 —— 077
听心理咨询师讲思维：
换个角度，你会看到不一样的世界

换个思路，奇迹就在转弯处 / 078
换种方式生活，心态也会随之改变 / 081
奇思妙想，换个维度看世界 / 084
换个角度看问题，就会换一种心情 / 088

第07章 —— 093
听心理咨询师讲幸福：
知足常乐，珍惜幸福

活在当下，享受当下 / 094
用清晨第一缕阳光迎接全新的自己 / 096
知足常乐，为你已经拥有的感到幸福 / 099
努力就好，不惧得失 / 102

第08章 —— 107
听心理咨询师讲压力：
放下重负，给心灵松绑

生活是自己的，适合就好 / 108
放下心中的负累，轻松前行 / 111
何必苛求，真实的生活并不完美 / 115

放下芥蒂，信任也是一种幸福 / 118

无欲无求，自在心安 / 121

执着与固执，仅一字之差 / 124

第09章 —————————————————— 129
听心理咨询师讲得失：
心随境迁，让一切顺其自然

成熟的第一步，就是接纳世俗 / 130

凡事笑一笑，别为小事烦恼 / 132

输赢淡然，只是人生的插曲 / 135

不拘泥于绝对的公平 / 138

走好自己的人生路，不必活在他人的眼光中 / 141

第10章 —————————————————— 145
听心理咨询师讲宽容：
受益惟谦，有容乃大

忍辱负重，让一切顺其自然 / 146

鲜艳的玫瑰，带刺也要用心灌溉 / 149

宽容忍耐，是智慧人生的必修课 / 153

仁厚爱人，宽容忍让 / 155

第11章 — 159
听心理咨询师讲自我认知：
洞悉自我，与自己对话

习得性无助：自我否定，一事无成 / 160

鸟笼效应：你的困惑来源于自己的内心 / 163

马太效应：强者越强，弱者越弱 / 166

破窗理论：别忽视小小的细节 / 169

青蛙效应：居安思危，防患于未然 / 172

第12章 — 177
听心理咨询师讲拖延：
即刻出发，提升行动力

"我很忙"是拖延者最大的借口 / 178

戒除拖延，立即执行 / 180

学习"吃掉那只青蛙" / 184

不找借口找方法，提升行动力 / 188

第13章 — 193
听心理咨询师讲自控：
自制是人生自由的前提

谦逊低调，自负者无法实现更大的突破 / 194

人生的成长，就是不断自我完善的过程 / 196

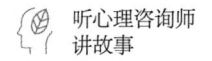

心中有阳光，就有希望 / 199

你唯一需要战胜的，是你自己 / 202

参考文献 / 206

第 01 章

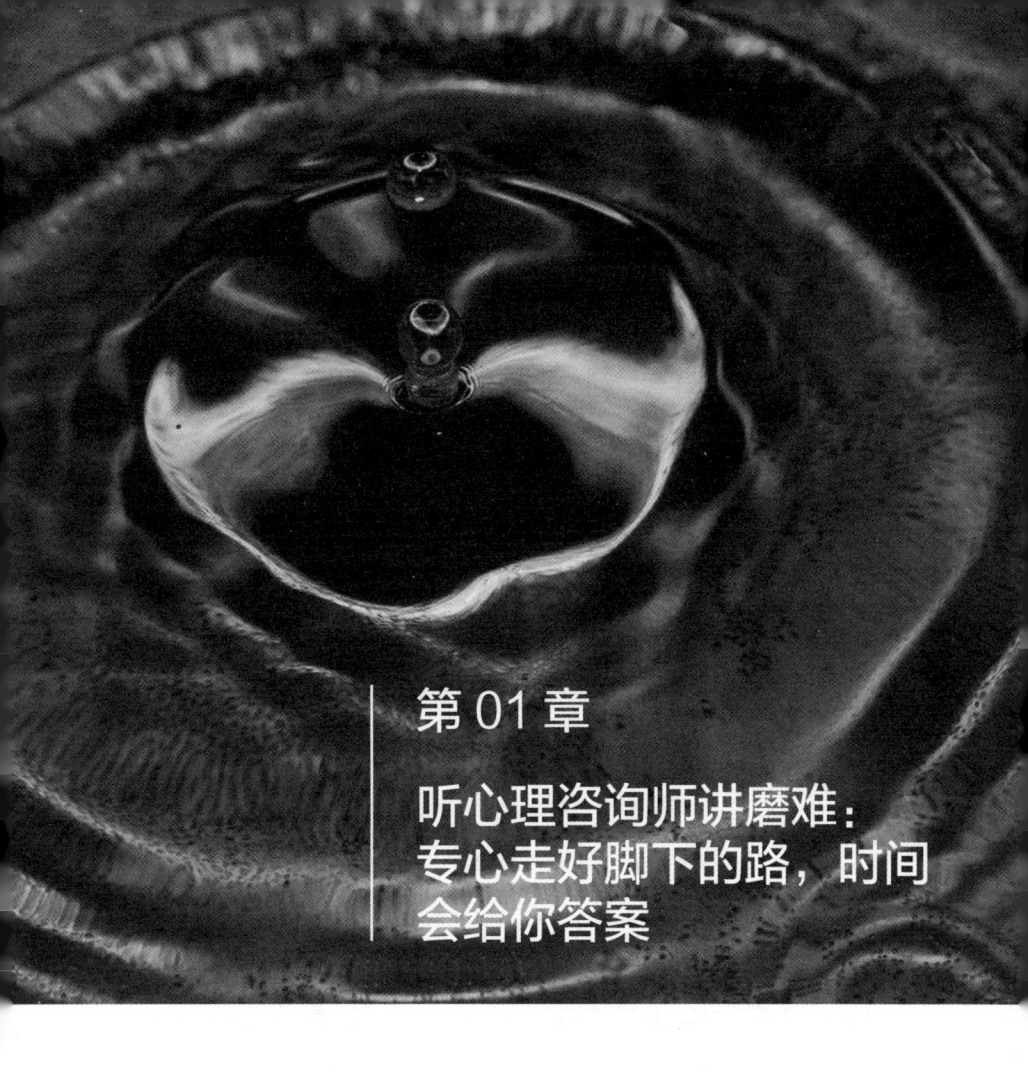

听心理咨询师讲磨难：专心走好脚下的路，时间会给你答案

雾气弥漫的清晨，并不意味着是一个阴霾的白天。当生活出现波折，有了出乎意料的变故，别担心，幸运并非没有恐惧和烦恼，厄运并非没有安慰与期望。别怕脚下道路的泥泞，最美的风景或许就在前方等着你。

跨栏定律：熬一熬，困境总会过去的

拿破仑说："人与人之间只有很小的差异，但是这种很小的差异却可以造成巨大的差异。很小的差异即积极的心态或是消极的心态，巨大的差异就是成功和失败。"当困难从天而降的时候，人们总会有两种截然不同的心态：有的人感觉天都塌下来了，什么都完了，他们总是与困难较劲，除了抱怨还是抱怨，似乎他们的整个生活都已经被不幸吞噬了；而有的人则保持乐观的心态，他们甚至会将那些灾难和不幸当作朋友，最后他们就真的在磨难中有所获得，从而赢得人生的一笔宝贵财富。

我们可以清楚地发现，前者是拥有消极心态的人，在困难面前，他们只会较劲、抱怨；后者是拥有乐观积极心态的人，他们总是将生活中的困难当朋友一样看待。若是朋友，又怎么会担心给自己的生活带来不幸呢？所以当生活遭遇不幸时，别和困难较劲，而是让困难成为你的朋友，只要你抱着这样的心态，就一定能战胜艰难困苦，最终走向成功。

成功的人生必然要接受困难的洗礼。当我们无法躲避困难的存在时，要学会与困难成为朋友。人生的旅途道路曲折，有高就有低，有起就有落。困难是客观存在的，如果我们想从困难中得到点什么，那就要学会先跟它成为朋友。

格哈德·施罗德出生在一个工人家庭。小时候，父亲在战争中牺牲，施罗德兄妹五人与母亲相依为命。有一段时间，他们住在一个临时搭建的收容所里，为了生存，母亲每天工作长达14小时，但仍然不能满足家里的开支。年仅6岁的施罗德总是安慰母亲："别着急，妈妈，总有一天我会开着奔驰来接你的。"

逐渐长大的施罗德进了一家瓷器店当学徒，后来又在一家零售店当学徒，在1963年施罗德加入了德国社会民主党。在之后的10年里，他读完了夜校和中学，后来到哥廷根大学攻读法律。大学毕业后，他获得了律师资格，成为一名律师。不久之后，他当选为德国社民党哥廷根地区青年社会主义者联合会主席。在以后的日子里，施罗德一直活跃于德国政坛。46岁那年，施罗德再次竞选成功，成为萨克森自由州州长。就是在这一年，施罗德实现了儿时的愿望，开着银灰色奔驰轿车将母亲接走了。也许是儿时的苦难记忆的激励，施罗德在人生的道路上丝毫不敢懈怠。8年之后，施罗德一举击败连续执政16年之久的科尔，当选为德国新总理。

童年时期的施罗德曾在杂货铺里当学徒，那时他常说的一句话是："我一定要从这里走出去！"最后他成功了，而且比自己想象中走得更远。虽然在成功的路上伴随着困难，但是施罗德从来没有把困难当成一回事，儿时的记忆让他明白：自己必须与那些客观存在的困难成为朋友，这样自己才能走得更远。

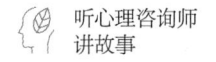

有人说，人生是由幸福和痛苦组成的一串珍珠，谁也无法躲过四季的风雨冰霜。困难只会使成功者受到历练，而不会有任何伤害。我们要有一种战胜困难的信心和勇气，不断地去锻炼自己的品格，磨砺自己的意志，激发自己的智能，增长自己的才干，显露自己的本色。在生活中，只要我们有信心战胜困难，那就一定能拥抱成功。

心灵物语

当困难降临时，如果我们总是与困难较劲，不断地抱怨生活的不公，不仅解决不了困难，反而会让自己心情变得更糟糕。在困难面前，如果暂时不能战胜它，就先跟它成为朋友，这样才能寻找出解决的办法。

蘑菇定律：成长是一个过程

所罗门把一个小女孩带到稻田，跟她说："你不是想要一件贵重的礼物吗？我可以送给你，但你要替我做一件事情，把这片稻田里最大的稻穗选出来拿给我。"小女孩高兴地答应了。所罗门接着说："但是我有一个条件，你在经过稻田时，要一直向前走，不允许停下来，也不能退回来，更不能左右转弯。你要记住，我给你的礼物是与你选择的稻穗大小成正比的。"结果，这个小女孩从稻田里走出来时，什么礼物也没有获得，因为她在一路上总是嫌所看见的稻穗太小了。

如果我们总是眼高手低，结果将会一无所获。蘑菇生长在阴暗角落，由于得不到阳光又没有肥料，常常面临着自生自灭的状况。只有当它们长到足够高、足够壮的时候，才被人们所关注。事实上，这时它们已经能够独自接受阳光雨露了。这就是心理学上著名的蘑菇定律，最初蘑菇定律是由一批年轻电脑程序员总结出来的，通过蘑菇的生长历程，他们联想到了人所必须经历的历程。我们刚开始进入社会的时候，像蘑菇一样不受重视，只能替人打杂跑腿，接受无端的批评、指责，得不到提携，处于自生自灭的状态下。蘑菇生长必须经历这样的一个过程，而同样的道理，我们每一个人的成长也需要这样一个过程。

卡莉·费奥瑞娜从斯坦福大学法学院毕业以后，所做的首份工作是一家地产公司的电话接线员。费奥瑞娜每天的工作就是打字、复印、收发文件、整理文件等杂活。父母与亲戚对费奥瑞娜的工作感到不满意，认为一个斯坦福大学的毕业生不应该做这些杂活。但是，费奥瑞娜却没有任何怨言，她继续一边努力工作，一边学习。有一天，公司的经纪人向费奥瑞娜问道："你能否帮忙写点文稿？"费奥瑞娜点了点头。凭着这次撰写文稿的机会，她展露了自己卓越的才华。在以后的日子里，卡莉·费奥瑞娜不断向前发展，最终成为惠普公司的CEO。

卡莉·费奥瑞娜的成功案例成为哈佛商学院学子的案头必

备研究，我们任何一个人在成长的过程中，都将注定经历不同的苦难、荆棘。那些被困难、挫折击倒的人，他们必须忍受生活的平庸；而那些战胜苦难、挫折的人，他们能够突出重围，赢得成功。亚伯拉罕·林肯在一次竞选参议员失败后这样说道："此路艰辛而泥泞，我一只脚滑了一下，另一只脚也因而站不稳；但我缓口气，告诉自己'这不过是滑一跤，并不是死去而爬不起来'。"林肯告诉我们，一个人克服一点儿困难也许并不困难，难得的是能够持之以恒地做下去，在人生的逆境中坚定地走下去，直到最后的成功。"

当我们不幸被看成"蘑菇"的时候，如果只是一味地强调自己是"灵芝"没有任何帮助，对于我们而言，利用环境尽快成长才是最重要的。当自己真的从"蘑菇堆"里脱颖而出的时候，我们的价值就会被人们所看到。虽然蘑菇的成长经历给我们带来了压力和痛苦，但是，这些难忘的经历却有可能让我们赢得成功。哈佛大学的荣誉博士J. K. 罗琳就是最典型的例子，她是一位中年女性，在事业最黯淡的时候，她开始拿笔写作，结果她写出了享誉世界的《哈利·波特》。

人生中总是有着种种的不如意，但是那些意志坚强的人能够将逆境变为顺境，在挫折中寻找转机，他们在逆境中坚定地走了下去，最后获得了成功。相反，有的人因为缺少生活的历练，一旦遭遇挫折或身陷逆境就失去信心，一次输给了自己，就意味着永远输给了自己。

♥ 心灵物语

每个人都渴望生活顺风顺水，都希望事业获得成功，但是上帝不会把这些白白赠予你。只要不畏惧蘑菇的经历，那么成功一定是属于你的。蘑菇定律是成功必须经历的一步，只有那些能够接受一切风吹雨打的人才能得到阳光普照的机会。

无论生活给予你什么，都应该笑纳

生活因充满各种各样的麻烦而变得多姿多彩。或许我们都不喜欢生活给予自己的麻烦，但当这些麻烦与自己不期而遇的时候，我们也不要掉头或转向。因为麻烦是一个魔鬼，一旦他看上你，就会对你穷追猛打，不舍不弃。而那些不接受生活给予麻烦的人，只会被麻烦纠缠得更悲惨。生活中，我们要学会笑纳生活给予的麻烦，缔造斑斓的人生。曾经有人说："成功的人生是痛苦与喜悦的交织，是磨难与顺利的交替。"如果你害怕生活中出现麻烦，那你就会永远丧失走向成功的机会。卓越的人生是从卓越的目标开始的，卓越目标的背后必然是充满着麻烦的道路。经受了那些麻烦的打搅和坎坷的摔打，我们追求成功的意志才能坚强起来。可以说，历练是人生不可多得的宝贵财富，拥有了这笔财富，再多的问题也能解决，没有什么麻烦可以把人吓倒。当我们解决那些麻烦之后，方能缔造斑斓的人生。

当生活的麻烦找到我们，我们应该记住，除了接受这些麻烦，努力去解决这些麻烦，别无他法。而且没有人能够帮助你。如果你总是与麻烦较真，希望自己能获得别人的帮助，那这样的想法未免太天真了。其实，每个人都有解决麻烦的能力，许多人解决不了人生或大或小的麻烦，是因为他们没有接纳麻烦的良好心态，才无法缔造绚丽的人生。

安妮爱上英俊潇洒的杰克。杰克对她来说很重要，安妮确信他就是她的白马王子。

可是有天晚上，他温柔婉转地对她说，他只把她当作普通朋友。从那以后，安妮以他为中心的世界就土崩瓦解了。那天夜里她在卧室里哭泣时，觉得记事簿上的"不要紧"三个字看起来荒唐得很。"要紧得很，我爱他，没有他我可不能活。"她哭喊着。

翌日早上她醒来后又想到这三个字，这时她已经冷静下来了，她开始分析自己的情况"到底有多要紧？杰克很要紧，我很要紧，我们的快乐也很要紧。但我会希望和一个不爱我的人结婚吗？"日子一天天过去，她发现没有杰克自己也可以生活，也能快乐。

几年后，一个更适合她的人真的来了。在她兴奋地筹备婚礼时，安妮把"不要紧"这三个字抛到了九霄云外。她不再需要这三个字了。

有一天，丈夫和她得到一个消息：他们生意赔掉了，所有积蓄都没有了。

安妮感到一阵酸楚，胃像扭作一团一样难受。她想起那句"不要紧"。"这一次可真的是要紧"，她心里想。

可是就在这个时候，小儿子用力敲打他的积木的声音转移了安妮的注意力。儿子看见母亲看着他，就停止了敲击，对她笑起来，那笑容真是无价之宝。安妮把视线越过他的头望向窗外，两个女儿正在兴高采烈地合力堆沙堡。院子外面，树映衬着无边无际的晴朗碧空。安妮觉得胃顿时舒展，心情恢复平和。她对丈夫说："都会好转的，损失的只是金钱，并不要紧。"

在生活中，总有这样或那样的麻烦出现，这会给我们的心灵带来巨大的压力，许多人会因为这些压力变得一蹶不振，甚至会因此而失去生活的勇气。其实，许多麻烦并不像我们想象得那么严重。面对这些狂风暴雨，假如我们能够尝试对自己说"不要紧"，接纳那些生活给予的麻烦，那我们就会缔造出无比灿烂的人生。

在生活中，我们每时每刻都可能遇到那些不如意的麻烦事情。其实，不要小看那些麻烦，那些麻烦是生活赐予我们的宝贵财富。如果我们固执于此，任自己较真，沉溺在痛苦之中，只会让自己更加烦恼。不如对自己说："没关系，不要紧，风雨之后肯定会有彩虹。"这样想来，那些麻烦的问题还能算什么呢？

心灵物语

相比人生的挫折，生活中那些麻烦的小事情根本算不了什么。如果我们还总是为生活的琐碎事情而较真，那无疑是折磨自己。学会接受生活给予的麻烦，通过解决这些麻烦，领悟生活的真谛，然后缔造斑斓的人生。

冰淇淋哲学，接受逆境的磨炼

自古以来的伟人，大多是抱着不屈不挠的精神，在逆境中挣扎着奋斗过来的。

冰淇淋哲学告诉我们，如果你能在冬天的逆境中生存，就再也不会害怕夏天的竞争。在人生这条充满荆棘的路上，我们常常会遇到这样或那样的挫折与困难。当然，不同的人对挫折有着不同的理解，有人说挫折是人生道路上的绊脚石，而有的人却说挫折是一种磨砺，会让今后的路更加平坦。

古人曰："百糖尝尽方谈甜，百盐尝尽才懂咸。"与河流一样，如果人生不经受历练，那就显得单调、幼稚。甚至我们可以这样说，不经历挫折的人生是空白的。或许我们并不知道前方有多少挫折在等着我们，但是有一点很明确，那就是这些挫折是不可避免的。在挫折面前，我们的力量是有限的。但挫折却是层出不穷的，当我们战胜了一个挫折，又会有更大的挫折在等着我们，人生就是这样一个在挫折中不断前进的过程。

一个少年自认为看破红尘放下了一切，历经千辛万苦，找到一个隐藏在深山里的寺院。他想出家，因为他认为自己只有在这里才能真正地洗去城市的繁华与浮躁。方丈仔细打量着少年，问道："做和尚要独守孤灯，终身不娶，你能做到吗？"少年坚定地回答："能。"方丈又问："做和尚要每日三餐粗茶淡饭，粗衣薄褂夏热冬寒，你能忍受得了吗？"少年回答说："能。"方丈又问："做和尚要无欲无求、无怨无恨，不问恩情，不记仇恨，无论任何时候都要心如明镜不染尘埃，你能做到吗？"少年斩钉截铁地说："能。"方丈又问了一些关于佛法的东西，少年都能作出很好的回答。但是，最后方丈拒绝了少年出家的请求，把少年送下了山。临走时，方丈留下了这样一句话："未曾拿起莫谈放下，当你真正拿起时，你再回来告诉我你还能不能放得下。"

一个人若是没有经历过生活，那自然不会理解生活的艰辛；一个人若是没有真正经历过挫折，自然不懂得选择快乐的角度。一旦挫折降临，就想要逃避这个世界，这本来就是一种不负责任的做法。生活中，只有那些真正经历过挫折的人，才能放眼望世界。因为经历了挫折，他们可以坦然地面对生活中的各种困难。

挫折造就成功。凡能成大事者，他们必须经得起挫折的历练，经得起失败的打击，因为成功需要风雨的洗礼。而一个有追求、有抱负的人，总是视挫折为动力。所以挫折对于天才来说是一块成功的跳板，对强者来说是一笔宝贵的财富。可以说挫折是一所修炼人生的高等学府，你是否能顺利毕业则源于内心是否有强劲的忍耐力。

011

曾国藩说:"吾平生长进,全在受挫受辱之时,打掉门牙之时多矣,无一不和血一块吞下。"如果经不起挫折,受不了历练,与生活处处较真,我们将被深埋在痛苦里,永远没有希望,也没有前进的方向。其实挫折带来的并不全是坏事,它能使我们的人生绽放出最美丽的成功之花,而从挫折中汲取到的教训将是我们迈向成功的垫脚石。

挫折是一门生活必修课,但这并不是说挫折是不可战胜的,挫折的必然性决定我们在遇到它时没有必要怨天尤人,更没有必要处处较真。因为挫折不具备不可战胜性。

心灵物语

面对挫折,不必畏惧,迎难而上,直面挫折,把生活中的每一个挫折都看作上天考验我们的一次机会。只要心中怀着必胜的信念,对自己说:"我能行!"那么我们就一定能战胜挫折,采摘成功的果实。

凤凰涅槃,灾难后如何获得重生

只有经历过黑暗才能懂得光明的可贵,只有走过荆棘才会珍惜花朵的芬芳。

在一次地震中,一位面容憔悴、身体单薄的女教师告诉记者:"从废墟中走出来,让我更懂得珍惜生命,要克服以后生活和工作上的更多困难，善待爱我的人和这个充满爱的世界，感谢我还活着！"原以为灾难带给我们的只有不幸，如此来看，灾难带给我们的远不止它本身，还有一颗感恩的心。

灾难，让我们学会了守望。没有守望，我们就不会变得更加坚强。似乎灾难总是青睐那些沉浸在幸福中的人，从幸福到不幸，只是一线之差，却是全然不同的境遇。不过，人们对于灾难却常怀感恩，灾难之后，他们心中没有怨言，只有无尽的感激。

那天是感恩节，她的情绪低落到了极点。为什么一切都这么糟糕？为什么生活会这样残忍无情？那场意外的车祸，夺走了她孕育了4个月的孩子！而就在这期间，她的丈夫也失去了工作。

她漫无目的地走进一家花店，看着每一朵娇艳欲滴的花，她都觉得那是对自己不幸的嘲讽。所以，当花店主人笑盈盈地询问她在感恩节这一天，是不是也想买点花送给亲朋好友，表达一下自己的感激之情时，她的郁愤之情冲口而出："我没有什么可感恩的！也不想感谢上帝，我对上帝很生气！"

店员惊异地看看她，然后微笑起来说："我知道什么对您最合适了。"随后店员到里面的工作室拿出一束缠着漂亮蝴蝶结的玫瑰花枝。那些玫瑰花枝被修得整整齐齐，只是上面连一朵花也没有。

她感到很惊奇，店员看出了她的疑惑，说："我把花都给剪掉了，这是我们的特别新品，我把它叫作感恩节的'荆棘花'。3年前，我走进来时感觉与您一样，认为生活太不幸了,没什么是值得感恩的。当时我的父亲死于癌症,儿子在吸毒,我自己也面临一个大手术,我的先生也在1年前去世了,家庭和事业都摇摇欲坠。我一生中第一次一个人过感恩节,没有孩子,没有家人,也没钱去旅游。"

"那怎么办呢?"她问。"我学会了为生活中的荆棘感恩。"店员沉静地说道,"过去,我一直在为生活中美好的事物而感恩,却从没问过为什么自己会得到那么多好的东西。但是当灾难降临时,我花了很长时间才弄明白,原来黑暗的日子对我们的人生来说也是非常重要的。一直以来,我都在享受生活中的'花朵',但是荆棘使我明白了生活的安慰是多么美好。借着生活的安慰,我也学会了安慰别人。"

这一天,她在走出花店时,眼泪从脸颊上流过。她的怀中也是一大束美丽的绿色的"荆棘花",上面有一张小小的卡片写道:"我的上帝啊,我曾无数次为我生命中的玫瑰而感谢你,却从来没有为我生命中的荆棘而感谢过你。请你教导我关于荆棘的价值,通过我的眼泪,帮助我看到那更加明亮的彩虹……"

格连·康宁罕曾被医生宣判:"你这一生再也无法行走了。"面对灾难与不幸,康宁罕并没有放弃,而是向命运挑战:"我一定要站起来!"一次次尝试伴随着一次次钻心的疼痛,一次次摔倒,又一次次重新爬起来。最后他终于站起来了。"难道自己的命运仅仅被定格为'站起来'吗?不!我还要像以前那样奔跑。"格连·康宁罕以强大的意志完成了自己的人生目标，他成为美国体育运动史上著名的长跑选手。

有人说："在任何灾难面前，只要我们自强不息，就一定可以赢得成功和幸福。"那些取得成就、赢得成功的人，他们都将自己的成就归功于灾难和挫折。如果没有灾难和挫折的洗礼，或许他们只会爆发出25%的潜能，但是一旦遇到了挫折与灾难，他们便会将其余75%的潜能激发出来。

心灵物语

在人生的道路上，即使我们遭遇了挫折，也请不要抱怨，也不要妥协，要感谢它们，感谢灾难让我们再次奋进。没有一帆风顺的人生，人生总是充满了灾难与挫折，犹如带着荆棘的玫瑰，只有坦然面对，我们才能嗅到玫瑰花的芬芳。

第 02 章

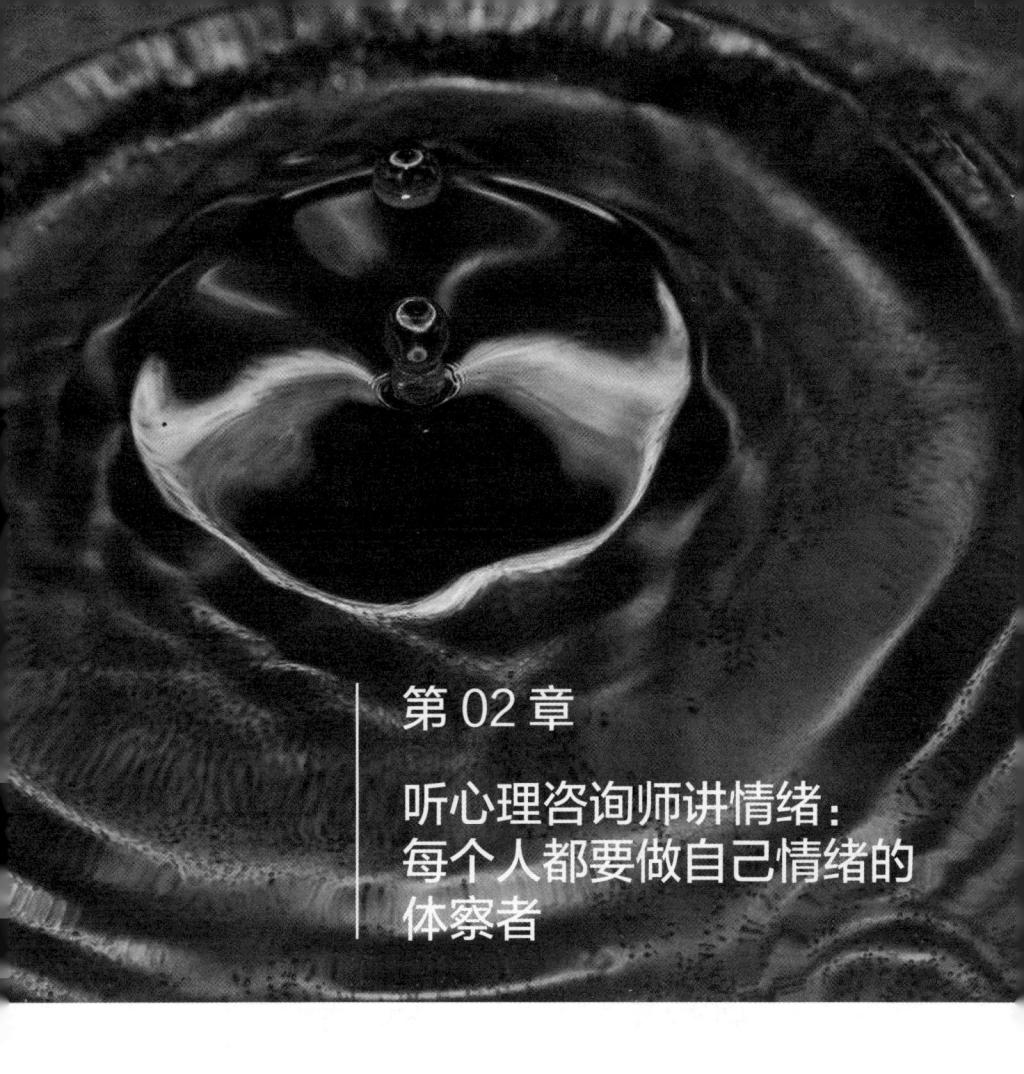

听心理咨询师讲情绪：
每个人都要做自己情绪的体察者

一个人的情绪是千变万化的，遇上挫折或者不如意的事情，就会莫名难过沮丧。但是，若内心常常被阴云笼罩，对身心健康没有任何好处。所以，请告别坏情绪，快乐地拍拍手，将情绪积极地表达出来，这样你将会收获更多的快乐。

詹森效应：卸下压力，轻松前行

　　人的一生中会面临两种选择，一是改变环境去适应自己，二是改变自己去适应环境。

　　生活中，从来不缺乏各种各样的压力：生存的压力、工作的压力、金钱的压力、心理的压力，等等。在这个压力越来越大的社会，我们该如何缓解内在的压力呢？太过负重的压力对我们的情绪是有重要影响的，压力来袭的时候，我们的情绪就会变得很恶劣，容易生气、烦躁，似乎看什么都不顺眼。内心的情绪积压过久，总想痛快地发泄一通。所以，别给自己太大的压力。

　　如果我们将任何事情都当成一种负担，并在压力的重压下生活，那我们会整日生活在压力、痛苦、烦躁和苦闷之中。一个人若是背着负担走路，那再平坦的路也会让他感到身心疲惫，最后他会因为不堪生活的压力走向不归路。当重重压力来袭的时候，不妨巧将压力变成动力，让自己如释重负，而且能将事情做得很好。

　　这些天，小王正在学习弹琴，由于基本功不太扎实，他练起琴来很费力，尽管自己付出了许多辛勤的汗水，可就是不见效果。但是，他心里又极度渴望自己在琴技方面能够有所突破，于是他每天强迫自己练琴4小时。

时间长了，小王时常变得焦虑，心理上把练琴当成了一种压力。他常常烦躁地问老师："我是不是练不好了？""我还能行吗？""怎么练都不见效果，我干脆还是不练习了。""难道我就这么放弃了吗。"老师听了只是微微一笑："你不要给自己太大压力，学着放松自己，卸下负担，缓解心中的压力，将压力变成动力。这样心情好了琴艺自然会有所进步。"小王按照老师说的放下压力，过了不久，琴艺真的进步了，而之前弥漫在脸上的阴霾也已经消失得无影无踪。

要么改变环境去适应自己，要么改变自己去适应环境。既然压力是已经存在的，根本无法彻底消除的，那我们何不积极地改变自己，让各种压力成为自己前进的动力呢？

一位留学英国的朋友回国后，向同学们讲述了自己在国外的生活："刚开始，我在国外的时候，由于自己英文很差，害怕出糗，就整天把自己关在屋里。看书、上网、看电影，这样的生活状态整整维持了1个月，我崩溃了，开始想："自己是否应该干点什么？"后来，她去了英国应用科学院求学，刚开始的时候，老师讲课自己一半都听不懂，而且老师讲课也没有教材，只能靠自己做笔记，压力非常大。当时她想，自己只要及格就行了，没有必要追求名列前茅。于是每天她都先拿着同学的笔记来抄，然后跟自己的男朋友一起出去约会。

临近考试的时候，她开始"抱佛脚"，背诵笔记，每天只睡3小时，第一次考试，她及格了。虽然自己的分数并不是很高,但是令自己高兴的是,老师给全班同学发了一封表扬自己的邮件。在信里,老师这样说:"这次考试我以为出的题目比较难,但是令我没有想到的是,班里的三个留学生考得还不错,希望他们继续努力。"老师的鼓励令她受到了鼓舞,她开始认真听课,成绩也越来越靠前了,到了第二年,她的成绩就排在了全班第一。这样的成绩不仅令同学感到惊叹,连她自己都觉得不可思议。最后她这样说道:"在国外求学的经历堪称跌宕起伏,但是我并不觉得有什么不好,这些所谓的挫折与困难让我学会了承受,让我赢得了最后的胜利。我们的生活需要适当的压力,压力教会了我们什么是坚持。最重要的是,让我远离了那种无聊、烦闷的生活,重新拾起了久违的快乐。"

当压力成为自己前进的动力,那生活将会变得异常美好。生活中其实是需要压力的,当我们感觉不到压力的时候,会发现充斥在生活中的都是无聊、烦闷的气息。但是,一旦生活有了某种压力,在压力的打压下,我们会不自觉地将这种压力当成动力,那我们做什么事情都是精神十足,因为压力驱使着我们将事情做得更好。

心灵物语

在现代社会,几乎每一个人都有压力。其实,适当的压力对我们自身是十分有用的。一个人的潜力究竟有多大呢?我想大多数人都不清楚。对此,科学家指出:人的能力有90%以上处于休眠状态,没有开发出来。是的,如果一个人没有动力,没有磨炼，没有正确的选择，那么积聚在他们身上的潜能就不能被激发出来，而压力则会给他们这样的动力。

智者从不任凭情绪控制自己

著名作家大仲马说："你要控制你的情绪，否则你的情绪便会控制了你。"耶鲁大学组织行为学教授巴萨德说："有四分之一的上班族会经常生气。"如此看来，人们经常受到不良情绪的干扰，而且稍有不慎，情绪就会成为我们的主人。有人这样形象比喻："经常生气就好像不断地感冒一样。"在日常生活中，如果我们想要避免感冒的侵袭，通常的做法是防护自己的身体，这样就不会感染感冒病毒。

负面情绪与感冒一样，如果我们没能做好预防工作，无可避免地会常常生气。因此，为了不让坏情绪的病毒传染到自己，我们应该做好一级防护。

阻止不良情绪的蔓延，就如同抵制病毒的侵袭，我们应该增强自身抵抗能力，善于思考，努力使自己变得平和。这样，即使情绪怒气奔涌而来，我们也能将它阻拦在外，冷静处理事情。当然，为了避免怒气的蔓延，我们所需要做的防护工作主要在于学会思考、冷静，使自己在怒气来临时变得平和，这样我们才能有效地避免盲目冲动。

爱德华·贝德福讲述了自己的经历：

十几年前，在美国最著名的石油公司，有一位高级主管作出了一个错误的决策，而这个决策使整个公司亏损了200多万美元。当时，洛克菲勒是这家石油公司的老总，而我则是这家石油公司的合伙人。事情发生之后，我并没有立即回到石油公司。但是，我从侧面了解到，在公司遭到巨大经济损失后，那位主要责任人一直在躲避洛克菲勒，企图躲过一劫。我感到事情不好处理，怀着对那位主管的责难的心情，我走进了洛克菲勒的办公室。

当我走进洛克菲勒的办公室，正看见他在一张纸上写着什么，或许是听到了我的脚步声，洛克菲勒抬起头，向我打招呼："哦，是你！我想你已经知道我们公司的损失了，我思考了很久。但是，在叫那个高级主管来讨论这件事情之前，我做了一些笔记。"我点点头，心想应该计算一下那位主管所造成的经济损失，这样才有说服力。我走了过去，看了看那张纸，顿时惊呆了。那张纸上居然写着那位高级主管的一系列优点，其中，那位主管还曾三次为公司做出过正确的决策，洛克菲勒在后面备注了这样一句话："他为公司赢得的利润远远超过了这次损失。"

看完了洛克菲勒所记录的那些，我感到十分不解，向他质问道："难道你打算原谅那个让公司损失200多万美元的家伙？你对此难道不感到生气吗？"洛克菲勒并没有理会我夹杂在话里的怒气，他笑着回答："难道你觉得这样不合适吗？听到公司损失的消息之后，我比你更生气，当时就决定解雇这位主管。但是，当我平静下来以后，发现事情并没有如此糟糕，经济的损失可以通过下次生意再赚回来，而优秀员工的失去则是不可挽回的。"当然，那位主管最后并没有受到任何责备，我心中的怒气也消失得一干二净。

这件事情对爱德华·贝德福的影响非常大，以至于后来他在回忆这件事情的时候，还忍不住发出了这样的感慨："我永远忘不了洛克菲勒处理这件事的态度，他影响了我以后的生活，我不再轻易生气，甚至面对怒气，我已经做好了一级的防护工作。"这一点不假，贝德福所有的下属都可以作证，在这件事以后，贝德福的脾气出奇地好，几乎没有情绪波动的时候。

如何才能做到冷静思考呢？爱德华·贝德福这样说道："每当我克制不住自己冲动的情绪，想要对某人发火的时候，就强迫自己坐下来，拿出纸和笔，写出某人的好处。每当我完成这个清单时，内心冲动的情绪也就消失了，我能够正确看待这些问题了。这样的做法成为我工作的习惯，在很多次，它都有效地制止了我心中的怒火。逐渐地，我意识到，如果当初我不顾后果地去发火，那会使我付出更加惨重的代价。"贝德福有这样的习惯，其实是得益于自己早年所经历的这个事件。

心灵物语

生气，是一个人由于自己的尊严或利益受到伤害而产生冲动的情绪，并且这样的状态很难一下子就冷静下来。对此，心理学家认为，生气是人的弱点，所谓的大胆和勇敢，并不是动辄生气，而是学会思考，学会克制自己内心的冲动情绪。

烦恼皆自找，庸人自扰之

佛说："烦由心生。"那么心呢？生活中，每个人不过是一介凡夫俗子，怎么会有那么多烦心的事情呢？有什么值得烦恼呢？一个人在烦恼时都有这样或那样的理由：受到了不公正的待遇会烦恼，受到他人的辱骂会烦恼，受到朋友的欺骗会烦恼，等等。只要一个人还活着，他就免不了遭受这样或那样的烦恼。但是，很多时候都只在于心，凡事不可能尽如人意，又何必烦恼呢？何故要抛弃开心呢？而且，烦恼既伤自己的身心，又会给身边的朋友带来忧虑。所以，学会为生活增加一些阳光雨露，开心一些，抛掉那些不必要的烦恼，烦恼的天空是看不见美丽的彩虹的。

德国哲学家康德曾说："发怒，是用别人的错误来惩罚自己。"或许，别人的错误是应该受到惩罚，但并非一定要通过自己的生气来实现。而且，生气并不能达到惩罚他人的目的。既然错误在于别人，自己为什么要生气呢？难道自己发了很大的脾气，对方就能受到惩罚吗？结果恰恰相反，气得大哭，红肿的是自己的眼睛；气得一个人喝闷酒，伤害的是自己的身体；气得丧失理性疯狂购物，挥霍的是自己的钱财。其实，这都是对自己的惩罚。而且，生气非但解决不了问题，反而会把问题弄得更加复杂。所以，面对他人有意或无意造成的错误，请学会宽恕，这样，生活的天空就会时常出现美丽的彩虹。

王太太心眼小，平时总为一些事情无端生气，而且每一次负面情绪来袭的时候，她都没办法控制自己。时间一长王太太脾气越来越差，与家人、朋友关系也变得疏离，她感到自己应该改掉坏脾气。

于是，她去山上的寺庙，请求大师帮助。她先是将自己的委屈、烦恼全部诉说，大师听了，一言不发。将她带到一间屋子，沏好茶，让她先坐一会儿，然后大师就忙别的事情去了。王太太刚开始还能安静地坐着喝茶，看看房子里的摆设，或看看天花板，以此打发时间。很快，半小时过去了，大师还没过来，王太太有点坐不住了，开始焦躁不安，她左顾右盼，希望大师能早点过来。

又过了半小时，王太太忍不住了，她站了起来，在房间里走来走去。她觉得控制不住自己的脾气了，一会儿大师来了，一定要大声问：你怎么才来？甚至她已经想好了如何去发泄自己等了那么久的不耐烦。

又过了一小时，大师终于来了，开口就问王太太："你生气吗？"王太太回答说："我气的是我自己，我真是瞎了眼，怎么会到你这种地方来受罪。"大师眼睛看着远处，说道："连自己都不原谅的人怎么能心如止水？"说完，拂袖而去。过了一会儿，大师又来了，问道："还生气吗？"王太太回答说:"不生气了。"大师追问:"为什么?"王太太无奈地回答:"气也没有办法呀。"大师点点头,说道:"但是,你的气并没有真正地消失,那气团还压在心里,爆发后将会更加剧烈。"说完,大师又离开了。

大师再次来到门前,王太太主动告诉大师:"我不生气了,因为这根本不值得。"大师笑着说:"还知道值得不值得,可见你心中还有衡量,还是有气根。"王太太不解,问道:"大师,什么是气?"这时,大师打开了房门,将手中的茶水洒在地上。王太太想了很久,恍然大悟,向大师叩谢而去。

在大多数的时候,生气并不能真正地解决问题,即使心中有气,问题也未必能够得到好转。而且,生气是一件不值得的事情,既然生气了还是不能解决问题,那何必怀着一份气愤的心情来面对呢?积极乐观的心态,反而会对解决问题有良好的助推作用。同时,我们摆脱了"气团"的打扰,重新获得了一份愉快的心情,这何尝不是一件美事呢?

有哲人说:"生命的完整,在于宽恕、容忍、等待和爱,如果没有这一切,即使你拥有了一切,也是虚无。"生活中本没有那么多的烦恼,而是心境选择,烦恼才会源源不断,从而使我们的生活不得安宁。如果你能仔细回想每一件事情,你会发现,原来上天也很眷顾自己,亲人一直陪伴左右,朋友也从未主动离弃。为什么一定要烦恼呢?烦恼是一种奇怪的东西,若是吞下去会觉得反胃;若你根本不在意它,那么,它会主动消失。

心灵物语

如果你总是任由内心的烦恼横冲直撞，那么，乌云将笼罩整片天空；如果你根本不在意烦恼的存在，那么，美丽的彩虹会重现天空。人生的快乐都享受不尽，哪里还有多余的时间去烦恼呢？在任何时候，我们都应该记住：快乐烦恼，皆由心生。

第 03 章

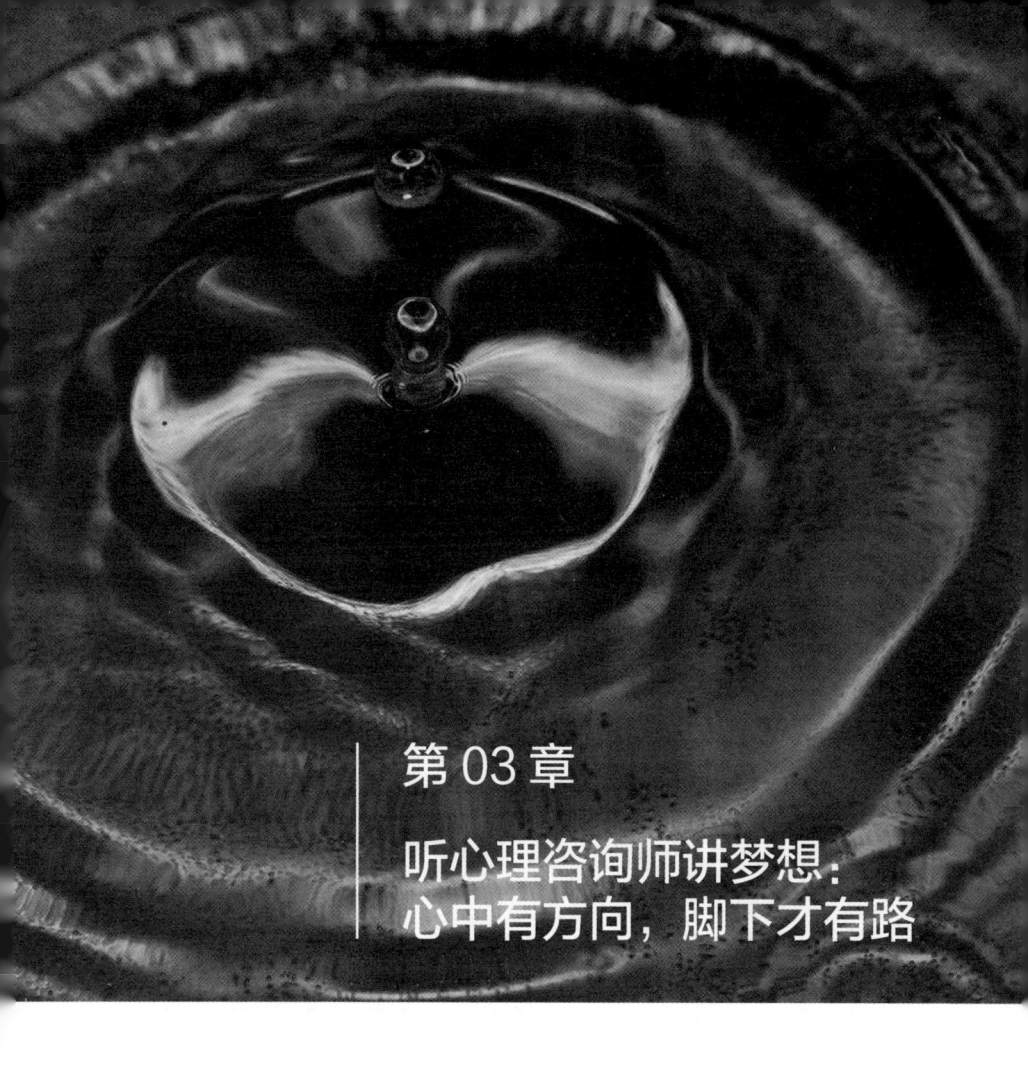

听心理咨询师讲梦想：
心中有方向，脚下才有路

俗话说："贵在坚持。"然而，坚持在于努力。人生在世，凡事只需心之所向，那越努力就会越幸运。因为有明天，所以今天永远只是起跑线。有时候真正努力之后，你会发现自己要比想象的优秀很多。

你要的机遇，藏在你的奋斗中

培根说："智者创造的机会比他得到的机会要多。""抓住机遇"这句口号在日常生活中经常能够听到。有人说："机遇青睐有准备的人。它不相信眼泪，它与怯弱、懒惰无缘。"也有人说："机遇稍纵即逝，目光敏锐、勇敢果决者常常能获得它。"其实，机遇对任何人来说都是平等的，能不能抓住它，主动权在自己手里。机遇在人的一生中扮演着重要的角色，它无处不在。抱怨没有机会的人，实际上是不善于识别机会和发现机遇，他们总是在仰望远处的高山，却忽视了脚下的矿石。

很多年前，从美国穿越大西洋底的一根电报电缆线因破损需要更换，这则小消息平静地传播在人们之间。但是一位不起眼的珠宝店老板却没有等闲视之，毅然买下了这根报废的电缆。

没有人知道小老板的意图，认为他一定是疯了，异样的目光围绕着他。小老板关起店门，将那根电缆洗净，弄直，剪成一小段一小段的金属段，然后装饰起来，作为纪念物出售。

大西洋底的电缆纪念物，还有比这更有价值的纪念品吗？这样他轻松地发迹了。他又买下欧仁妮皇后的一枚钻石，那淡黄色的钻石闪烁着稀世的光彩。人们不禁要问：他是自己珍藏还是抬出更高的价位转手？这时，他不慌不忙地筹备了一个首饰展示会，观众当然冲着皇后的钻石而来。

可想而知，想要一睹皇后钻石风采的参观者会怎样蜂拥着从世界各地赶来。而他几乎坐享其成，毫不费力就赚了大笔的钱财。他就是美国赫赫有名，享有"钻石之王"美誉的查尔斯·刘易斯——一个磨坊主的儿子。

目光敏锐，头脑灵活的人，总能在机会的身影还若隐若现时，就做出自己的判断并大胆地行动。查尔斯·刘易斯的成功正是如此。他断定一根报废的电缆中蕴含着一个巨大的商机，并把这次机遇当作自己事业腾飞的平台，乘着机遇的东风冲天而起，在商海大展身手。

所以，不要总是抱怨没有好的机会降临在你身上，也不要总想着会有兔子撞到你面前。成功的机会无处不在，关键在于你是否能紧紧地抓住。聪明的人能从一件小事中得到大启示，有所感悟，并把它化作成功的机会；而愚笨的人即使机会放在他面前也浑然不知。

生活中，我们不要被环境变化的表面现象所迷惑。只要认识到环境的变化可能会带来机会，并细心观察市场动向，认真思考环境变化对经济发展的巨大影响，你总会找到成功的机会。

1865年，美国南北战争宣告结束。但由于总统林肯被刺身亡，美国人民沉浸在悲痛之中。这时，在铁路部门工作的卡内基意识到：战争结束后，经济必然复苏，经济建设必然会需要大量的钢铁。因此,他义无反顾地辞去了报酬优厚的工作,主持组建了联合制铁厂。

果不其然,当时美国决定在加利福尼亚州修建一条铁路。

随后,又批准修建另外三条横贯美洲大陆的铁路线。其实并非只有这几条铁路线,其他各地也纷纷申请铁路建设,规模达到了数十条,而这一切都需要大量钢铁的支持。因此,卡内基在联合制铁厂里矗立起一座当时世界上最大的熔矿炉,并聘请化学专家到厂中检验买来的铁矿石、石灰石和焦炭的品质,从而达到了产品、零件及原材料的检测系统化。随后,卡内基大力整顿经营方式,使各层级的职责分明,这一系列的措施让制铁厂的生产力水平大为提高。

但是,经济的迅猛增长势必会有缓冲或回落的时段。卡内基根据社会发展状况,预料到了那一天的来临。因此,当1873年的经济大萧条来临之际,银行倒闭,证券交易所关门,铁路工程支付款被迫中断,一切生产都好像戛然而止,许多公司在经济大萧条中倒闭,而卡内基凭借事先做好的准备,使公司依然正常运营……

在经济萧条的年代,大多数人看到的只是眼前一片衰败的社会现状,很少有人从社会的大发展方面看待事情,因此与千载难逢的好机会失之交臂。卡内基没有随大流,他从社会的不断变化中认识到,什么事都会有高潮和低谷,低谷过后经济又会得到快速回升和发展。因此,他又向钢铁制造方面追加了投资。

经济大萧条很快就过去了，并且经济再次得到快速发展。当其他公司开始正常生产的时候，卡内基已经抓住了主动权，在同等货源短缺的情况下，公司生产的钢材和钢轨等被大量订购，他从中赚到了高额的利润。经过十几年的经营，卡内基钢铁公司成为世界上最大的钢铁企业，卡内基也被人们誉为"钢铁大王"。

心灵物语

世界无时无刻不在发生着变化，而机会也就藏身于变化之中。社会发展是大环境，身边事物的变化是小环境，只要你认识到环境的变化会产生许多成功的机会，并细心地观察寻找，你就会发现能够改变一生的机会。

实力不佳时，在低调忍耐中积蓄力量

福楼拜说："天才，无非是长久的忍耐。"我们以为天才就是光鲜亮丽地站在成功的金字塔上，却无法想象其背后的忍耐和艰辛。生活中那些看似刁难你、难为你的人，往往能够使你更快取得成功；看似折磨、煎熬你的环境，却总能历练出最后的强者。因此，在困境中要懂得忍耐，持续努力下去。对于年轻人来说，切记学会忍耐，注重积累。

谚语云："万事皆因忙中错，好人半自苦中来。"吃得苦中苦，方为人上人。要成就一件事情，须观察时机，等待因缘，这是急不得的。受苦忍耐是一种承担、一种方法、一种等候，也是对因缘的认识。许多事业有成者都在忍耐后越挫越勇，最后取得成功。

内托今年刚从学校毕业，在一场招聘会上，他很幸运地被选入一家石油公司。随即被总公司分配到一个海上油田工作。

工作的第一天，工头便要求他，在限定时间内登上几十米高的钻井架，并将一个包装好的漂亮盒子送到最顶层的主管手中。他拿着盒子，迅速登上又高又窄的舷梯。当他气喘吁吁地登上顶层后，只见主管在盒子上签了自己的名字，又让他送回去给工头。他一接到命令，连忙又快速地跑下舷梯，并把盒子交给工头。但是，没想到工头草草签完名字之后，又原封不动地交给他，要求他再送回去给顶层的主管。年轻人看了看工头，却又不知道要如何发问，只得乖乖地跑上顶层。然而，主管这回同样只在盒子上签名而已，便又要他送回去。

年轻人就这样来来回回，莫名其妙地上下跑了两次，心里隐约感觉到，这一切似乎是主管与工头故意刁难他。直到第三次，这个全身都被海水溅湿的年轻人，内心已经充满熊熊怒火，不过他仍然强忍着怒气。当他第三次将盒子送给主管时，这回主管则说："把它打开。"年轻人将盒子拆开后，里头居然是一罐咖啡和一罐奶精。这会儿他更可以确定，这是主管与工头联合起来欺负他。他愤怒地看着主管，但是主管仿佛一点也没感觉到似的，接着又对他说："去冲杯咖啡吧！"这个命令一下，年轻人再也忍不住了，他用力把盒子摔到海面上，气愤地说："我不干了！"说完之后，他感觉痛快许多，因为一肚子的怒火全部发泄出来了！但是，主管却失望地摇了摇头，并对他说："孩子，你知道刚刚这一切，其实是一种训练啊！因为我们每天都在海上作业，随时都可能会遇到危险。因此工作人员必须都要有极强的承受力，才可以顺利完成海上的作业与任务。"

主管叹了口气说："唉！原本你前面三次都通过了，就差那么一点点，你无缘喝到自己冲泡的好咖啡真是可惜！现在，你可以走了。"

俗话说，"忍字头上一把刀"，这把刀让你痛，也会让你痛定思痛。这把刀，可以磨平你的锐气，但也可以雕琢出你的韧性。百忍成钢，当你的心性修炼得有如镜子般明澈、流水般柔韧时；当你切切实实生活在不以物喜、不以己悲的宁静中时；当你发觉胸中不断流动着"虽千万人吾往矣"般的勇气时；历经千锤百炼，你的刀也就炼成了。忍耐并非懦弱，只因你看得更远，有更大的追求。

年轻人与其幻想着一蹴而就，不如学会在艰难困苦当中忍耐，一旦时机成熟，必然水到渠成。宋人苏轼在《留侯论》中说："古之所谓豪杰之士者，必有过人之节，人情有所不能忍者。匹夫见辱，拔剑而起，挺身而斗，此不足为勇也。天下有大勇者，卒然临之而不惊，无故加之而不怒。此其所挟持者甚大，而其志甚远也。"

新东方总裁俞敏洪在他的博客里讲过一个关于捡砖头的故事。俞敏洪的父亲是个木工，常帮别人建房子。每次建完房子，他都会把别人废弃不要的碎砖瓦捡回来，有时候父亲在路上走，看见路边有砖头或石块，他也会捡起来放在篮子里带回家。

时间长了，家里的院子就多出了一个乱七八糟的砖头碎瓦堆。直到有一天，俞敏洪的父亲在院子一角的小空地上开始左右测量，开沟挖槽，和泥砌墙，用那堆乱砖左拼右凑，建成了一个让全村人都羡慕的院子和猪舍。

当时，俞敏洪只觉得父亲一个人就盖了一间房子，很了不起。长大后，俞敏洪才从一块砖头到一堆砖头，最后变成一间小房子中体悟到做成一件事情的奥秘。

"一块砖没有什么用，一堆砖也没有什么用，如果你心中没有一个造房子的梦想，拥有天下所有的砖头也是一堆废物；但如果只有造房子的梦想，而没有砖头，梦想也没法实现。"要不急不躁，学会忍耐，持续努力，要积攒足够的砖头来造心中的房子。捡砖头的精神后来就成为俞敏洪做事的指导思想。

罗曼·罗兰曾说："只有把抱怨别人和环境的心情，化为上进的力量才是成功的保证。"只有经受别人的考验，提升自身的能力，你才会在茫茫人海中脱颖而出。或许你仍在向往一帆风顺，可是面对现实的曲折的人生，所谓的一帆风顺只能是心灵的一种慰藉。唯有奋斗不息才能够成为命运的主人。而在这一步步的努力中，你必须学会忍耐。

心灵物语

忍耐不是逆来顺受,不是消极颓废,也不是在沉默中悄然降下信念的帆。忍耐是当一根火柴燃烧到一半的时候,能够接受另一半炙热的煎熬。学会忍耐,挺起坚强的脊梁,用快乐和潇洒清扫落上尘灰的意志。不论是低迷还是高涨,你的人生都将因努力而变得壮美如画。

勤奋与执着,是实现梦想的唯一途径

许多年轻人觉得自己很平凡,能力很普通,先天条件的欠缺导致他们对自己丧失了信心。在他们看来,不管自己如何努力,最终都只会成为一个平庸的人。抱着这样的想法,他们不想去努力,浑浑噩噩地生活着,有的人甚至选择了自甘堕落的生活。然而,年轻人浑然忘记了成功的路从来都不是一帆风顺的,许多人也曾迷茫过,也曾不知道未来究竟在哪里。但是,他们以自己的成功经历告诉我们:相信梦想,梦想自然会回馈于你,努力比任何东西都来得真实,用坚韧换机遇,用时间换天分,哪怕走得很慢,但终会抵达。

有一个孩子想不明白为什么自己的同桌每次都能考第一,而自己每次却只能排在他的后面。

回家后他问道:"妈妈,我是不是比别人笨?我觉得我和他一样听老师的话,一样认真地做作业,可是,为什么我总比他落后？"母亲听了儿子的话，感觉到儿子开始有自尊心了，而这种自尊心正在被学校的排名伤害着。她望着儿子，没有回答，因为她不知道该怎么样回答。又一次考试后，孩子考了第二十名，而他的同桌还是第一名。回家后，儿子又问了同样的问题。她真想说，人的智力确实有高低之分，考第一的人，头脑通常比一般人的灵。然而这样的回答，难道是孩子想知道的答案吗？她庆幸自己没说出口。

应该怎样回答儿子的问题呢？有几次，她真想重复那几句被上万个父母重复了上万次的话——你太贪玩了；你在学习上还不够勤奋；和别人比起来还不够努力……以此来搪塞儿子。然而，像她儿子这样脑袋不够聪明、在班上成绩不甚突出的孩子，平时还不够辛苦吗？所以她没有那么做，她想为儿子的问题找到一个合适的答案。

儿子小学毕业了，虽然他比过去更加刻苦，但依然没赶上他的同桌，不过与过去相比，他的成绩一直在提高。为了对儿子的进步表示赞赏，她带他去看了一次大海。就是这次旅行中这位母亲回答了儿子的问题。

母亲和儿子坐在沙滩上，她指着海面对儿子说："你看那些在海边争食的鸟儿，当海浪打来的时候，小灰雀总能迅速地飞起，它们拍打两三下翅膀就升入了天空。而海鸥总显得非常笨拙，它们从沙滩飞向天空总要很长时间，然而，真正能飞越大洋的是它们。"

"海鸥总显得非常笨拙，它们从沙滩飞向天空总要很长时间,然而,真正能飞越大洋的是它们。"平凡又怎样,不起眼又怎样,只要你努力,一样可以飞过大洋。当我们在讨论这个问题的时候,年轻人应该反思的是自己是否努力过,如果你连努力都不曾有,又何必抱怨自己能力不足,或者这个社会太现实呢?

我们都听过龟兔赛跑的故事,兔子机灵,跑得快,它以为自己胜券在握,所以安心地睡起了大觉。谁知道看起来慢吞吞的乌龟,却用自己百倍的努力以及坚持不懈的精神最先达到了终点。所以说,谁能笑到最后,还真是不一定。

大学毕业后,威廉的求职"战役"正式打响了,他向知名企业投递了20多份简历。那真是一段不堪回首的岁月,他每天跑招聘会,但自己的努力却看不见任何回应,那些投递出去的简历如石沉大海般杳无音讯。好不容易有一家公司通知面试,但在面试的路途上依然是曲折坎坷。

威廉在笔试上失意过,在群面时因插不上话而被刷掉过。和许多求职的年轻人一样,他曾经历过低谷期,但他始终努力着。遇见太多糟糕的事情,他反而觉得一切都会慢慢好起来。情绪太过糟糕,他反而知道应该如何来梳理情绪。了解了自己的缺点之后,他反而知道什么工作才是最适合自己的。在每一次求职失败后,威廉都会反思自己的缺陷和不足,总结失败的经验,从来没有放弃过努力。

威廉说:"天赋决定了一个人的上限,努力则决定了一个人的下限。"许多年轻人根本没有努力到可以拼搏天赋,就已经放弃了,威廉深知自己没有一步登天的天赋,所以只能用努力来换取天分。

当然,威廉最后如愿找到了一份好工作,但这与他平时的努力是分不开的。

成功恰巧就是努力撞到了运气而已,努力永远不会有错,即便现在无法感受到努力的回报,但未来的某一天你总会理解。选择自己喜欢的事情,然后努力到坚持不下去为止。相信梦想,更要相信努力,因为遗憾比失败更可怕。年轻人在追逐梦想的时候,这个世界总会制造许多挫折与困难来阻挡你。残酷的现实会捆住你的手脚,但其实这些都不重要,重要的是你是否有努力到底的决心。

坚持不懈可以让你在失去动力的时候,帮助你继续行动,这样可以使结果渐渐好转。保持你的努力,你最终会得到回报,这个回报更可以为你带来强大的动力。

心灵物语

平庸并不可怕,可怕的是永远平庸。既然没有过人的天赋,那我们就用后天的努力来弥补。越努力越幸运,如果你觉得自己平凡,那就用努力换天分。当然,在这个过程中,你要始终相信努力奋斗的意义,让未来的你,感谢现在拼命努力的自己。

努力再努力，终究会缔造生命的辉煌

在生活中，所谓的强者是什么？真正的强者不是凭借着各种资源努力钻研的人，而是缔造自己辉煌命运的人。他们虽然遭遇了生活的不公平待遇，但依然可以冲破重重阻碍，最终采摘成功的果实。

杰克·韦尔奇出生在一个典型的美国中产阶级家庭，父亲在铁路公司工作，每天早出晚归，因而，培养孩子的任务就落在了母亲的身上。与其他母亲不太一样，她对韦尔奇的关心更多放在提升他的能力和意志上。母亲是一位十分有威信的人，她总是让韦尔奇觉得自己什么都能干，并教会韦尔奇独立学习。每当韦尔奇的行为有所不妥，母亲总是以正面而有建设性的意见唤醒他，促使韦尔奇重新振作，虽然母亲话不是很多，但总令韦尔奇心服口服。

母亲一直秉持着这样的理念：坦率地沟通、面对现实、主宰自己的命运。她将这三门功课教给了韦尔奇，使韦尔奇终身受益。母亲告诉韦尔奇："要掌握自己的命运就必须树立信心，相信自己能创造辉煌。"韦尔奇到了成年以后还是略带口吃，但是母亲安慰韦尔奇："这算不了什么缺陷，只不过思维比开口快了一些。"正是母亲给予的这份自信，让口吃不再成为阻碍韦尔奇发展的绊脚石，而且成为韦尔奇骄傲的标志。美国全国广播公司新闻部总裁迈克尔对韦尔奇十分钦佩，甚至开玩笑说："他真有力量，真有效率，我恨不得自己也口吃。"

韦尔奇的中学成绩应该可以进美国最好的大学,但是,由于种种原因,他最后只进了马萨诸塞大学。刚开始,韦尔奇感到十分沮丧,但进入大学以后,他的沮丧变成了幸运。他后来回忆这段经历,这样说道:"如果当时我选择了麻省理工学院,那我就会被昔日的伙伴们打压,永远没有出头的一天。然而,这所较小的州立大学,让我获得了许多自信。我非常相信一个人所经历的一切,都会是成功的基石,包括母亲的支持、运动、上学、取得学位。虽然我天生口吃,但我相信我一样可以成就自己的辉煌。"韦尔奇的大学班主任威廉这样评价他:"他总是表现得很自信,他痛恨失败,即使在足球比赛中也一样。"1981年,韦尔奇成为通用电气公司历史上最年轻的CEO。而自信成为通用电气的核心价值理念之一,韦尔奇这样说:"我相信人生的辉煌可以靠自己的努力来创造。"

戴高乐将军曾说:"眼睛所看到的地方,就是你会到达的地方,唯有伟大的人才能成就伟大的事,他们之所以伟大,就是因为他们决心要做出伟大的事。"生活中,像韦尔奇一样有口吃的人很多,但像他一样成功的人却很少,为什么呢?因为大多数的口吃者都在为上天的不公平而抱怨,他们浑然忘记了,即便自己是一位口吃者,但人生的辉煌完全是可以靠自己创造的,除了口吃,自己与其他人并无区别。

或许,在人生开始时,我们并没有抓到一手"好牌"。但是,如果我们能保持良好的心态,相信即便是一手烂牌,也可以打得漂亮,这就是生活的信念。

心灵物语

如果我们想让人生绽放出如烟花般灿烂的辉煌，那就要靠我们自己的努力，而不在于上天的恩赐。假如我们较真，那就较真自己是否努力过，是否拼搏过，只有真正地努力、拼搏之后，我们才无愧于心。

勇敢走脚下的路，全世界都会为你让路

尼采曾说："如果你想走到高处，就要使用自己的两条腿！不要让别人把你抬到高处；不要坐在别人的背上和头上。"在这个过程中，你的每一分努力都有时光的见证，而时光会将那些最好的留给最优秀的你。一个人要想成就大事，从心底里感受到生命的充实，就必须靠自己。所有的事实都证明："一切靠自己"是最明智的人生理念。虽然年轻人可以靠父母和亲戚的庇护而成长，因爱人而得到幸福，但是不管怎么样，人生归根结底还是要靠自己的努力。

作为第一位黑人主持人以及《时尚》杂志的模特，奥普拉·温弗瑞是一位真正的新时代职业女性。当然，在现实生活中，并不是每个人都能成为奥普拉，但是使奥普拉获得成功的力量却是每个人都能拥有的，那就是成功的决心。

奥普拉小时候因为家境贫寒，只能穿用麻袋做的衣服，还曾被人当作"麻袋少女"而嘲笑。因为她是私生女，所以从小

她一直生活在受歧视、受虐待的环境里。她在9岁的时候惨遭表哥的强暴,到14岁的时候,她成了一名未婚妈妈,并且痛失自己的孩子。这一切的不幸遭遇,使她离家出走并沾染上了毒品。

当她觉得自己的生活不能再这样重复下去的时候,她开始下决心戒掉毒品,这对于她来说是相当困难的。她决心一步一步来,由于从小的家庭环境,她没有很好的基础,所以每一步走起来都是异常困难的。但是她从来没有放弃过,她相信没有什么事情是不可能的,"除非你不愿意去做"。所以,她在自己坚韧的意志中成功了,并成为一名优秀的脱口秀主持人。当她美丽地站在镁光灯下面时,她可以大声地说"我以自身的努力,享受到了收获的快乐"。

并不是每一个人都能成为奥普拉,但是只要你拥有奥普拉一样的决心,就会像她一样获得成功的青睐。没有人能够预知事情的结果,但是每个人都能够通过自己的决心来改变事情的结果,摘得胜利的果实。

威廉·李卜克内西说:"才能的火花,常常在勤奋的磨石上迸发。"你是勤奋还是懒惰,时光会是最好的见证。如果一个人是勤奋的,那么他就拥有了成功的机会;如果一个人是懒惰的,那么他就一定不会成功的。勤勉和成功是互相制约的,虽然你的勤劳并不一定会给你带来成功,但是无论如何,每个人都要付出努力,因为这是成功的最基本的条件。

杨瑞丹是美国杨氏设计公司的总裁,同时,她也是一位资深生活设计师。早年，她毕业于纽约大学的室内设计专业，后来在美国密歇根大学获得硕士学位。作为设计行业的领军人物，她已经从事设计工作30年了，在工作中，她倡导创造高品质的生活，并将不同的潮流设计带入室内外的设计中。与此同时，她所创造的品牌不断发展壮大，得到了越来越多人的支持与认可。

杨瑞丹是一个优雅恬淡的女子：细柔的声音、恬淡的笑容。不过，这仅仅是她的外表，在她的骨子里有着一股比男人更强的韧劲儿。杨瑞丹说："我并不想做一个女强人，也不喜欢别人这样称呼我。在中国，大部分的女性都很优秀，而我只是找到了自己想要去坚持和努力的信仰，凭着那份坚韧与勤奋一步步走下去而已。"

早年，移居美国的杨瑞丹随着父亲第一次踏上中国，后来，由于工作常常往返于中国与美国之间。随着对中国的熟悉，心有志向的杨瑞丹决定在中国成立工程公司。刚开始创业的时候，她不接受父亲的资助，而是坚持自己努力，她白天做设计，晚上去工地检查、指导、学习。回忆那段辛苦的日子，她觉得一切都值得。

杨瑞丹说："我没有任何背景，没有任何关系，一开始赔了很多钱，无数次地想背包回去不来了，在那会儿我还生病了。可是我想这么多人跟着你，人家那么相信你。所以，我只能成功，不能后退。"杨瑞丹，这就是一个耐力与勤勉并行的女子，她心中的那份认真与耕耘，最终因努力而换得了最好的奖赏。

听心理咨询师
讲故事

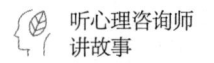

心灵物语

许多年轻人想努力的时候，总会怀疑：我的努力是否会白费？我要不要这么拼命努力？他们总会担心自己的付出不能得到应有的回报。不过，年轻人，你努力了吗？努力才有可能成功，不努力连成功的机会都没有。持续为自己的梦想和人生努力吧，时光往往会把最好的留给最优秀的你。

第 04 章

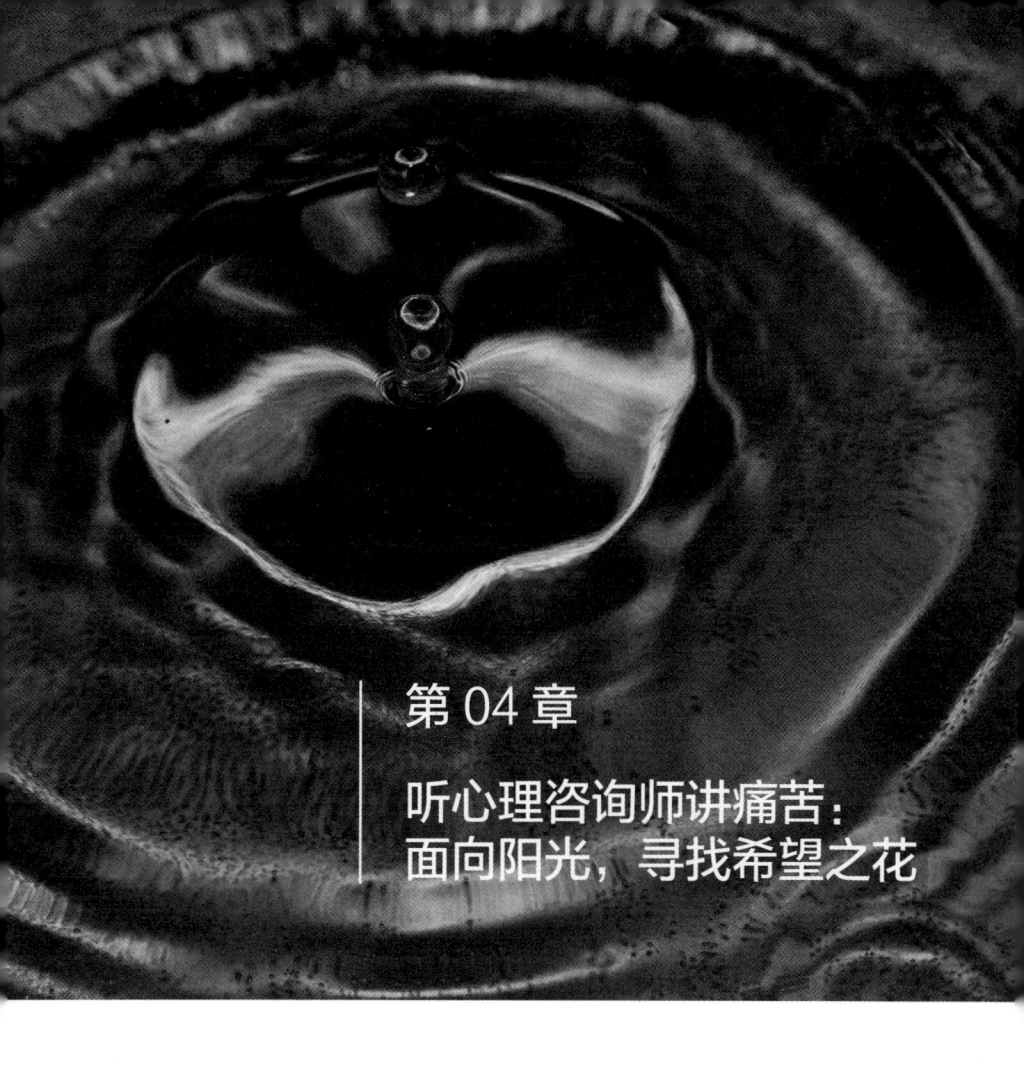

听心理咨询师讲痛苦：面向阳光，寻找希望之花

人生中很多阴影的出现，都是我们自己遮住了阳光。人生有亮丽的风景，在亮丽的背面会有黑暗的旋涡。如果你总是盯着黑暗的地方看，就看不到阳光了。当你的心宽阔、坦然之时，越过前面的阴影，自然会重见阳光。

走过不同的路，看到的就是不同的风景

　　无论我们做什么事情，如果总是在别人用过的套路中打转转，那只会束缚自己的思维，这时我们应该做的，就是跳出框架，不被固有的思想禁锢。当经验在大脑里越积越多，甚至形成一种思维定式的时候，人们总习惯用自己的价值标准和思维模式来评判事物，其实，这就是所谓的"思想僵化"。

　　通常情况下，越是在机遇面前，一个人的心理越是趋于保守，越容易陷入这样的困境，他很难去做任何事情。生活在这个变化莫测的世界，时代总是向前，逆水行舟，不进则退，如果你不愿意更新自己的思想，总有一天，你将会被这个社会所淘汰。

　　圆珠笔在20世纪40年代被发明出来，由于它易于书写和便于携带，所以一经问世便风行全球。可好景不长，这种圆珠笔在使用一段时间后就会出现漏墨的毛病，弄脏纸张及衣袋。

　　对此，圆珠笔发明者及很多研究圆珠笔的人，对于漏油问题都反复进行了深入的研究，他们发现毛病出在笔尖里的钢珠，在书写时受到磨损，油墨就从磨损部位漏出来。他们将注意力一直停留在笔珠的研究上，拼命提高笔珠的耐磨性。当他们把笔珠的耐磨性改善后，笔珠与笔杆接触的耐磨问题又冒出

来了。

而日本人中田藤三郎却发现了问题中的奥秘，在他看来，圆珠笔是个很有发展前途的商品，假如能改进它的漏墨问题，将会获得比圆珠笔的发明者更多的财富。他仔细分析了圆珠笔的结构及出毛病的原因，也总结了许多人对改进漏墨问题的失败经验。最后，他采取逆向思维，获得了防止圆珠笔漏油的方法。

他的方法很简单：通过反复试验，统计当圆珠笔写到多少字后开始漏墨。在掌握这个数量的基础上，他着手把笔芯的装油量减少，这样在圆珠笔开始漏油之前，笔芯中的油墨已经用完了，就再也无墨可漏了。笔芯的墨用完了，可换支笔芯，圆珠笔可继续使用。

在解决圆珠笔漏墨的问题上，中田藤三郎并没有被固有思想套住，而是逆向思考，开拓思维，因而巧妙地解决了难题。人和动物最根本的区别在于人有思想，有思维活动。但是，思想也是需要推陈出新、不断更新的。否则，总是被固有的陈旧思想束缚，只会一事无成。

成功者说："财富是想出来的。"其实，一个人要想成功，不仅仅要养成思考的好习惯，还需要不断地创新自己的思想。开阔思路，扩展思维，这样，你才能更大限度地获取有益的信息，从而促使自己获得辉煌的成就。对于那些敢于冲破固有思想的人来说，他们永远不会跟随众人的思维模式，而是另辟蹊径，找到一条解决办法的新道路，那是他们身上的一种特质。

心灵物语

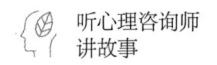

新思想是击破思维定式的有效武器，无论是在思考的开始，还是在其他某个环节上，当你的思考活动碰到了障碍，陷入了某种困境，难以再继续下去的时候，你需要思考一下：自己的头脑中是否有固有思想在起束缚作用，自己是否被某种思维定式捆住了手脚？

欲望无止境，别让它吞噬你

生活中有两个悲剧：一个是你的欲望得不到满足，另一个则是你的欲望得到了满足。

人生就是一次神奇的旅程，有的人跌跌撞撞，在人生中迷失了自己的方向；有的人怡然自乐，微笑面对生活，把握住了人生的幸福。也许，你会感到疑惑，怎么会出现这样迥然不同的局面。因为在人生的旅途中，除了美丽的风景，还有很多的诱惑，而每个人的内心都有一个魔鬼，那就是欲望。当那些诱惑出现在你面前，就会激发起你内心的欲望，为了满足内心的欲望，你会奋不顾身、倾尽一生，极力地追求，所以你会在人生的路上跌跌撞撞，找不到失去的自我，痛苦地煎熬着。

每个人都有这样或那样的各种欲望，有的人追逐权力，有的人崇尚金钱，有的人喜欢幸福，有的人渴望快乐。但有些人生活中缺少什么他们就渴望什么，而这样的欲望是惊人的。

因为欲望本身的特点就是难以满足，会不断地循环下去，当欲望越滚越大，扭曲了内心，他们便成了欲望的奴隶。欲望无边境，一切适可而止吧。

于连出生在小城维立叶尔郊区的一个锯木厂家庭，他从小身体瘦弱，在家中被看成"不会挣钱"的不中用的人，经常遭到父兄的打骂和奚落。卑微的出身使他常常受到社会的歧视。对此，从小就聪明好学的他，在一位老军医的影响下，非常崇拜拿破仑，幻想着通过"入军界、穿军装、走一条红"的道路来建功立业、飞黄腾达。

在14岁时，于连想借助革命建功立业的幻想破灭了。这时他不得不选择"黑"的道路，幻想进入修道院，穿起教士黑袍，希望自己成为一名"年俸十万法郎的大主教"。18岁，于连到了市长家中担任家庭教师，而市长只将他看成拿工钱的奴仆。在名利的诱惑下，他开始接触市长夫人，并成为市长夫人的情人。

后来，与市长夫人的关系暴露之后，他进入了贝尚松神学院，投奔了院长，当上了神学院的讲师。后因教会内部的派系斗争，彼拉院长被排挤出神学院，于连只得随彼拉来到巴黎，当上了极端保皇党领袖木尔侯爵的私人秘书。他因沉静、聪明和善于谄媚，得到了木尔侯爵的器重，并以渊博的学识与优雅的气质，又赢得了侯爵女儿玛蒂尔小姐的爱慕。尽管不爱玛蒂尔，但他为了抓住这块实现野心的跳板，竟使用诡计占有了她。得知女儿已经怀孕后，侯爵不得不同意这门婚事。于连为此获得一个骑士称号、一份田产和一个骠骑兵中尉的军衔。于连通过虚伪的手段获得了暂时的成功。但是，尽管他为了跻身上层社会用尽心机，不择手段，然而最终还是功亏一篑，付出了生命的代价。

有人说，于连身上有着两面性的性格特征。于连最后在狱中也承认自己的身上实际有两个"我"：一个"我"是"追逐耀眼的东西"，另一个"我"则表现出"质朴的品质"。在追逐名利的过程中，真实的于连与虚伪的于连互相争斗，当然，他本人内心也是异常痛苦的。最终，因不断地追求名利，让自己心力交瘁。

欲望就像毒品，是会上瘾的，当你一次满足了之后，就会不断地想要更多，那根本就是一个无法填满的无底洞。当然，每个人都有一定的欲望，这是正常的。适度的欲望可以促使我们不断地奋进，欲望也是一种自我肯定。但是，如果你的欲望过于强烈，就不再是对自己存在的肯定，相反会进而否定或取消别人的存在。到那时候，人被欲望所控制着，便成了欲望的奴隶。学会放下欲望的人是自由的，因为没有了禁锢，也就没有了烦恼，所以他是自由的。也许，在你的心中也有种种的欲望，或金钱或权力。但是，如果你要想赢得自己的人生，赢得幸福，那就学会放下欲望，适可而止。

人不可能没有欲望。欲望也不会停止，它会伴随着人的一生。欲望的存在是无可厚非的，但是，人类是高级动物，可以控制自己的欲望，甚至放下自己的欲望，这都是可以做到的。

心灵物语

欲望如水,能载舟,也能覆舟,就看你如何去对待了。很多时候,我们抱怨生活太痛苦了,其实这就是内心的欲望无形之中为自己戴上了枷锁,禁锢了自己的自由与阻碍。那么,当你感到沉重的时候,不妨放下内心的欲望,跨越阻碍,赢得自己的人生。

淡定于心,从容于行

生活中,可谓是众生百相。有的人晋升了职位就欣喜若狂,但若是在竞争中败下阵来则会捶胸顿足,好像失去了一切。于是乎,生活就像是起伏不定的群山一样,无法像一条小溪,恬淡从容。对于生活中的荣辱、金钱、地位,要说自己真的不在乎,那是不可能的,毕竟,人生在世,这些是你人生中所追求的一部分。但是,很多时候,若是你太在乎,你将会把自己置于痛苦之境。

即使在乎,你也需要懂得淡定。宠辱不惊,花开花落,只是一种人生境遇,你又何苦自寻烦恼呢?淡定是一种生活的态度,更是一种阳光的心境,它会帮助你拨开头顶的乌云。繁华落尽不过是一纸苍凉,灯红酒绿之后不过是漆黑的夜晚。所以,怀着一颗淡定从容的心来面对生活中的得与失,来面对漫漫人生路上的失败与成功。

在宁波与温州之间有个地方叫台州，台州有个地方谓之黄岩，据说那里生活着一群从容淡定的黄岩女子。

黄岩女子给人的印象总是淡定的谈吐，得体的衣饰，就如同飘忽在黄岩天空的云，云淡且风轻。黄岩女子喜欢过安逸的小日子，黄岩是个富庶的地方，所以造就了她们"民静而安，素朴而俭"的生活态度。她们善良本分，内心平静，感情细腻踏实，不会好高骛远，更趋向于追求一种恬静的生活。也许，她们的眼界不太开阔，心思也不太活络，虽有点世故但不令人讨厌，有点拼劲但不会拼命。黄岩女子很会过日子，她们看上去可能不够干练，也可能不够精明，但这使得没有心计的她们反而把简单的生活过出独特的味道。

她们已经把从容淡定作为一种生活态度，淡定地面对喧嚣的尘世，活出自己的精彩，活出真实的自我。"春卧小楼听夜雨，夏临清池赏新荷。不以秋悲伤怀，不以冬寒蚀志"，如此简单地活着，善良、纯真、坦率地活着，细细品味人生的况味，享受人生的乐趣。

淡定是一种阳光的心态，即使面对极致的诱惑，也能以平和、不急不躁、不卑不亢的心态来面对，浅尝生命的酒酿，忘记心中的烦恼。心境淡定从容，不以物喜，不以己悲，心境永远不会因人生境遇而大起大落。

那一年金融海啸，他辛辛苦苦，花了20年经营的公司倒下了。整整一个晚上，他没有睡觉，只是一根接着一根地抽着烟。他想起了很多事情：想起了儿时告别家乡独自一个人外出的情景，想起了自己寄人篱下的辛酸，想起了自己获得人生第一桶金时的喜悦，想起了自己开始创办公司那天的灿烂阳光……

苦想了那么多，他百思不得其解，为什么那么辛苦创办的公司会在一夜之间化为乌有？早晨，第一缕阳光照进屋里的时候，他想起了老母亲，想起了母亲经常对自己说的一句话："阿强，命里有时终须有，命里无时莫强求，对自己，不要太苛刻了。"一瞬间，他想明白了，既然失去了那就失去了吧，任何的抱怨、痛苦都无济于事。

那天早上，他笑容满面地遣散了公司员工。大家都担心地看着他，他很安静，反而安慰下属说："没事，当年我也是一无所有，其实，我不是不在乎失去公司。因为我知道，我做任何事情也挽回不了。不妨淡定一些，这样我的心里也会好过一些。"

人生道路上有鲜花、有掌声，可是有多少人能等闲视之；人生路上也有坎坷泥泞、有满地荆棘，又有多少人能以平常心视之。"宠辱不惊，看庭前花开花落；去留无意，望天上云卷云舒。"对于人生中的种种，我们要拿得起、放得下，既来之，则安之，保持淡定的心态，一花一草便可以是一个世界。

对于人生中的幸福安乐，荣华富贵，能够看得淡，看得透，能够入乎其内、出乎其外，不痴迷于其中。保持淡定的心，那些人生境遇对你来说不过是过眼云烟。纵然岁月无情地流逝，即使青丝已经变成了白发，从容淡定的人却总能够寻找

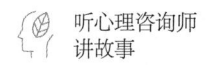

出生活的乐趣，总是会发现生活不经意飘逸的美。

心灵物语

心境淡定，不要为自己的平凡而叹息；也不要为了争强好胜而绞尽脑汁。也许，我们已经经历了一次又一次的悲痛，在人生的路途上一次又一次地遭遇挫折与困难。但是，淡定的心境让我们依然能够微笑面对生活，依然可以从容淡定地看这个世界的"花开花落""云卷云舒"。

经历再多的痛苦，心中也要有希望

在人生的道路上，挫折和逆境都是在所难免的，而那些磕磕绊绊、坎坎坷坷也是我们无法预料的。但是，有一点我们一定要牢牢记住：怀抱希望，永不绝望。在遭遇逆境的时候，不要为此沮丧忧虑。不管发生了什么事情，无论自己的处境多么糟糕，都不要沉溺在绝望中无法自拔，千万不要让痛苦占据你的心灵。只有心怀希望，当困难来临的时候，我们才有勇气直面困难、打倒困难，并以顽强的意志战胜困难。

1832年，亚伯拉罕·林肯失业了，这令他感到很难过，于是他下定决心要成为政治家，去当一名州议员。但是，糟糕的是，他在竞选中失败了。在短短的一年里，林肯遭受了两次打击，这对他而言无疑是痛苦的。接着，林肯开始自己创业，当即开办了一家企业，可是还不到一年，这家企业倒闭了。在这之后的17年里，林肯都在为偿还企业欠下的债务而奔波劳累。不久之后，林肯又一次参加竞选州议员，这次他成功了。林肯内心深处有了一线希望，他认为自己的生活有了转机，心想：可能我就可以成功了。

然而，人生的逆境好像永远没有结束的那一天。1835年，亚伯拉罕·林肯与漂亮的未婚妻订婚了，但离结婚的日子还差几个月的时候，未婚妻却不幸去世，林肯心力交瘁，几个月卧床不起。1838年，林肯觉得自己身体好了些，他决定竞选州议会议长。但是，在这次竞选中他又失败了。再接再厉的精神鼓舞着林肯。1843年，林肯参加竞选美国国会议员，这次他所面临的依旧是失败。但是，林肯却一直没有放弃，他并没有想要是失败会怎样。1846年，林肯再次参加竞选国会议员，这次他终于当选了，但两年任期过去，林肯面临着又一次落选。不过，林肯并没有服输。1854年，他竞选参议员，但失败了，两年之后他竞选美国副总统，但是被对手打败，两年之后他再一次参加竞选，但还是失败了。无数的失败并没有让林肯放弃自己的追求，直到1860年，亚伯拉罕·林肯当选为美国总统。

回看林肯的一生，似乎全是逆境中的生存。但是，在任何时候，林肯都没有放弃过，他始终怀抱着必胜的希望。虽然与逆境相抗的过程给我们带来了压力和痛苦，但是这些难忘的经历却有可能让我们赢得成功。

魏尔伦说："希望犹如日光，两者皆以光明取胜。前者是荒芜之心的神圣美梦，后者使泥水浮现耀眼的金光。"要知道，每一个明天都是希望，无论自己身陷怎样的逆境，都不应该感到绝望，因为我们还有许多个明天。只要未来有希望，人的意志就不应该被摧垮。前途比现实重要，希望比现在重要，人生不能没有希望。

阿坚为老板做事。有一次，阿坚在擦桌子时不小心碰碎了老板一只非常珍贵的花瓶。老板向阿坚索赔，阿坚哪里能赔得起。最后被逼无奈，只好去教堂向神父讨主意。神父说："听说有一种能将破碎的花瓶粘起来的技术，你不如去学这种技术，只要将老板的花瓶粘得完好如初，就可以了。"

阿坚听了直摇头，说："哪里会有这样神奇的技术？将一个破花瓶粘得完好如初是不可能的。"神父说："这样吧，教堂后面有个石壁，上帝就待在那里，只要你对着石壁大声说话，上帝就会答应你的。"

于是，阿坚来到石壁前，对石壁说："上帝，请您帮助我，只要您帮助我，我相信我能将花瓶粘好。"话音刚落，上帝就回答了他："能将花瓶粘好，能将花瓶粘好……"

阿坚听后希望倍增、信心百倍，于是辞别神父，去学粘花瓶的技术去了。一年以后，阿坚终于掌握了将破花瓶粘得天衣无缝的本领。他真的将那只破花瓶粘得像没破碎时一般，还给了老板。

难道真的是上帝回答了他吗？其实，他想要感谢的是他自己，那块石壁只不过是一块回音壁，他所听到的上帝的回答，其实就是他自己的声音。只要心中的信念在，希望就在。许多人陷入了逆境，总是悲观绝望，给自己增加很大的压力。事实上，逆境是另一种希望的开始，它往往预示着美好的明天。你只需要告诉自己：希望是无处不在的。那么，再大的困难也会变得渺小，再糟糕的处境也会有所好转。

心灵物语

只要你心存希望，就永远不会有绝望。生活中，每个人在某个时刻都会面临绝境，但它往往并不是真正的生命绝境，而是一种精神和信念的绝境。只要你的精神不倒，心存希望，即使在绝境中，也能寻找到希望之花。

第 05 章

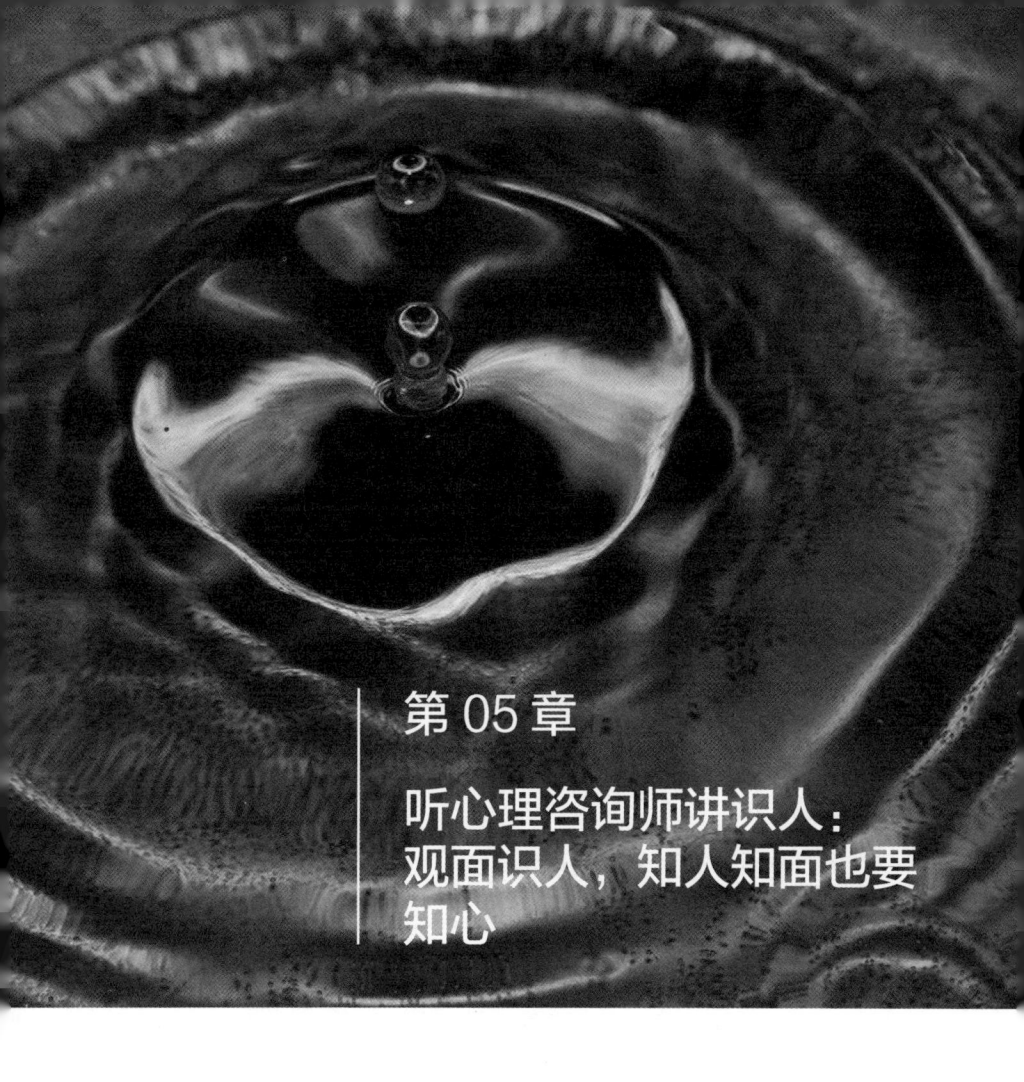

听心理咨询师讲识人：观面识人，知人知面也要知心

事之至难，莫如看破人心。看破人心这样的事情总是不那么容易，因为人们善于伪装或隐藏迹象，将真实的内心完全隐藏起来，以此迷乱人们的眼睛，并使人形成错误的印象。所以，只有学会察言观色，才能了解一个人。

洞悉人性，读懂他人的真实内心

读万卷书不如行万里路，行万里路不如阅人无数。洞悉人心需要的就是阅人无数。

社会的复杂，在于人心的复杂。在日常交际中，要想与人建立稳固的关系，首先需要了解他人，只有识破对方的心思，看清周围的环境，即使身处复杂的环境中，我们也能很好地保护自己，游刃有余地与他人交往。在这个世界上，并没有独立存在的个体，因而，人与人之间的交际是不可避免的。随着科技的日新月异，人们的物理距离越来越近，甚至，彼此之间只有一堵墙或者一层楼板。但是，彼此之间的心理距离却越来越远了，我不知道你所想，你亦不知道我所思，交往之中总是觉得少了点亲近，而多了份阻碍。

其实，这种存在的距离感，实际上就是人们彼此互不信任、互不理解造成的。这样所造成的后果，不仅仅使人与人之间的关系变得越来越疏远，而且会给我们带来麻烦与困惑，因为彼此戒备，交往势必更困难。那么，如何才能做一个善于交际的人呢？秘诀只有一个：即察人心、通人性。

当然，察人心并不能靠一面之词，还需要用眼睛、用心去辨认，这样，我们才不至于被假象所蒙蔽。那么，如何识破那些隐藏起来的心理呢？有人归纳出了一个看透人的方法："看一个男人的品位，要看他的袜子；看一个女人是否养尊处优，要看她的手；看一个人的身价，要看他的对手；看一个人的底牌，要看他身边的好友；看一个人是否快乐，不要看他的笑容，要看清晨梦醒时的一刹那表情；看一个人的胸襟，要看他如何面对失败及背叛；看两个人的关系，要看发生意外时，另一方的紧张程度。"虽然，这样的总结并不是那么准确，但对我们察人心多少有一些帮助。人心是一本书，一本复杂的书，我们读起来时而感到吃力，但是，唯有读懂了这本书，我们才能游刃有余地应对复杂的人际交往。

齐王王后去世的时候，后宫有十位齐王宠爱的嫔妃，其中有一位要继任王后，但是，究竟是哪一位，齐王却不做明确的暗示。宰相田婴开始动脑筋了，他想：如果自己能确定哪一位是齐王最宠爱的妃子，然后加以推荐，肯定能博得齐王的欢心，同时，还能赢得新王后的信任。不过，万一弄错了，事情反而会糟糕，自己应想个办法，试探一下齐王的心意。

于是，田婴命工人连夜打造了十副耳环，而其中一副要做得特别精巧美丽。田婴把这十副耳环献给了齐王，齐王分别赏赐给了十位宠妃。第二天，田婴再拜谒齐王的时候，发现在齐王的爱妃之中，有一位戴着那副特别美丽的耳环。田婴明白了齐王的心意，赶紧向齐王推荐了那位戴着美丽耳环的妃子，果然，齐王大喜。不久之后，新王后继任，而那位新继任的王后，确实是那天田婴推荐的那位妃子。

田婴虽处于乱世，但是由于懂得处世之道，懂得识人心，使得他没有被卷进是非之中，反而能够保全自我。为人处世，与人相处，及时看破人心极为重要。这样，我们才能在片刻之间，看透身边的人与事，看破一个人的真伪，洞悉对方内心深处所隐藏的秘密。唯有看破人心，才能以不变应万变，窥探出其心理的微妙变化，辨别出其真实的心理，让自己在交际场合中左右逢源、进退自如。

　　纵观古今中外，凡成大事者，无一不是察人心的高手。不能识风浪，就不能扬帆沧海；不能察鸟兽，就不能纵横山林；不能察人心，就不能左右逢源。也许，你能够在职场驰骋纵横、无往不胜，但是面对纷繁复杂的人际交往，却一样会困惑、迷茫。在我们身边，没有人会完完全全地把自己呈现出来，他们将自己隐藏在面具后面，不过其眼神、举动、行为、习惯，都会暴露其心理与性格。而我们只需要找到这些透露出来的细枝末节，就能识破对方心理了。

　　所以，我们必须练就较强的识人能力，拥有敏锐的观察力和缜密的心思。这样，你就可以看透你身边的人，就可以在众人中不露痕迹地分辨出真朋友和假朋友；你还可以较准确地判断出上司的意图；你可以在朋友的语调中读出他的隐衷；你可以在对你微笑的人的一转身间发现他的谎言。熟知了这些察人的技巧，我们才能轻松应对复杂的人际交往。

心灵物语

一个善于识人心的人，一定是一个观察力敏锐的人。如果你没有一定的观察能力，就无法察觉对方在表情、动作、语言上的变化，就不知道对方心里在想什么。所以，要想看透他人，识破人心，就必须学会察言观色。不仅如此，还需要拥有缜密的心思，要知道没有一个人会完全地袒露自己，让自己处于人们的视线之下。

察言观色，判断他人真伪

现代社会是一个充满了竞争的社会，为了更好地生存下去，人们往往会隐藏自己的内心，脸上就如同戴了一张面具。如果你不能看破人心，就没有办法判断出谁是你的朋友，谁是你的敌人。在我们身边，从来没有真正袒露心迹的人，也没有谁会告诉我们"我是朋友"抑或是"我是敌人"。但是，一个人的一言一行、一举一动，甚至一个眼神，都在向他人传递着一些很微妙的信息，这些信息直接反映了其真实心情以及真正的性格。

我们想要看透对方，了解他真实的心理和想法，就需要从他的一言一行、一举一动入手。通过细致观察，你定会从那些细枝末节中了解他的内心世界。因此，你要想轻轻松松地应对戴着面具的他人，就应学会识人言、观人貌，看透他人的真伪。只有真正地看透了对方，你才有可能防患于未然，使自己时刻处于主动的位置。

弗洛伊德说："任何人都无法保守内心的秘密。即使他的嘴巴保持沉默，但他的指尖却喋喋不休，甚至他的每一个毛孔都会背叛他！"虽然，每个人都想保守自己内心的秘密，但其实，每个人的内心都是有踪迹可循的，有端倪可察的，哪怕他藏得再隐秘，我们也会从语言、表情、动作中窥探一二。一个人说话眉开眼笑，我们就知道他内心高兴；一个人面相狡诈，我们就知晓其城府极深。总而言之，一个人的外在表现都是内心情感的一种流露，往往是一个无意识的举动、一句不经意的话，是我们看破人心的最好突破口。

唐朝的时候，有一个人叫卢杞，他与郭子仪一起在朝做官，两个人之间还有一些交情。那时候，卢杞还只是一个小官，但郭子仪已经成为当朝宰相，很是风光。郭子仪是个老江湖，看人往往能入木三分。他身为宰相，对其他大臣都比较随便，唯独对卢杞很有礼貌。如果卢杞来家里拜访，郭子仪会先让家人全部到后面去，而自己穿好了朝服，正式地迎接卢杞。即便是两人交谈中，郭子仪也表现得十分谦卑有礼。

对此家里人感到困惑，卢杞不过是一个芝麻大的小官，为何要如此礼遇？于是，家眷就好奇地问他："您平日接见客人，无论是多么重要的人物，您从来都不避讳我们在场，为什么今天一个后生过来，您却如此慎重？"郭子仪解释道：

"我一生什么场面没有见过，什么样的人没见过。我看人看事都有自己的角度。比如刚才那个年轻人，你们不要看他现在很普通，将来这人一定会爬上高位。但是，他最大的毛病就是小肚鸡肠、睚眦必报，稍有不慎，这人就会怀恨在心。他的长相极其吓人，半边脸是青的，如同庙里的恶鬼，我猜想你们看见卢杞的半边青脸，一定会笑。这一笑定会深深地刺伤这个人的自尊心，等到他得了权势，你们和我的儿孙，就会有灭顶之灾了，怎能不防？"

果然，卢杞后来也做了宰相，朝廷中那些凡是曾得罪了他的官员，都被他想方设法地报复了。因为郭子仪不曾得罪他，最终得以自保。

从历史上的记载来看，卢杞是一个相貌丑陋且心术不正的人。不过，他很聪明，又懂得溜须拍马，迟早有一天会得到权势。面对这样的人，如果得罪了他，他肯定会怀恨在心，日后必伺机报复。与这样的人交往只有通过你的一双"火眼金睛"，看破他们的内心，认清他们的真伪，才能在生活中游刃有余，进退自如。

在纷繁复杂的人际交往中，有时候，人与人之间前一刻还如胶似漆，彼此如同手足一般，但下一刻就翻脸不认人，彼此水火不相容了。其实，之所以有这样的情况，就在于我们没能看透对方的真伪，没有掌握识人心的真正本领。君子般坦荡荡的理想交际，这是每一个人都期盼的，可现实却复杂很多。

心灵物语

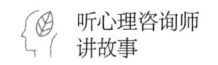

俗话说："人心隔肚皮。"对方心里在想什么，我们无从得知。那么，如何才能分辨出对方的真伪呢？这就需要我们从日常言行、外貌入手了。仔细揣摩对方的言行，观察其貌相，以此看破人心。

千人千面，如何观面识人

早在古代，就有占卜看相的说法，大致的方法是凭着一个人的面部特征、相貌来预测其命运，甚至只凭一个人的眉毛形状来下定论。其实，在科技日新月异的今天看来，这些所谓的相学都是不科学的，毕竟，只凭着一个人的眼、眉、耳、鼻的形状等脸部特征，是很难判断出一个人的心理的。然而，若是运用现代心理学，通过一个人的面部表情来判断对方的心理，就能准确地读出他人内心的状态。一个人心里在想什么，会相应地反映在其脸上，这时，他的面部表情就会泄露一些秘密。如果我们能恰当地识破这些秘密。那么，我们就能知道对方的真实想法了。

有人说："人的面部表情是人的内心世界的显示器。"一般而言，人在心里感受到的喜怒哀乐都会表现在脸上，一个人高不高兴看他表情就知道了。但是，并不是每一个人的真实内心都反映在面部表情上。有时候，人们为了寻求自我保护，会下意识地隐藏自己的一些真实情绪。不过，只要我们仔细观察，透过细微的表情，一样能捕捉到其中的秘密。或许，在对方未开口之前，你就能从其面部表情中获得一些信息，就可以了解到对方的情绪、性格、态度等。俗话说："看人先看脸。"脸是一个人内心世界的外观，当然，所谓的"脸"并不是指人的长相，而是面部表情。

梁惠王雄心勃勃，广纳天下贤才。有大臣多次向他推荐淳于髡。因此，梁惠王频频召见那位颇具才干的淳于髡，而且，每一次都屏退左右与他倾心交谈。但召见了两次，淳于髡都沉默不语，弄得梁惠王很尴尬。

事后，梁惠王责问大臣："你说淳于髡有管仲、晏婴的才能，我怎么没看出来，他只是沉默不语，我看你是言过其实。"大臣以此话问淳于髡，淳于髡只是笑了笑，回答说："确实如此，前两次我都沉默不语，但我不是故意的，而是另有原因。我也很想和梁惠王倾心交谈，但第一次，梁惠王脸上有驱驰之色，想着驱驰奔跑一类的娱乐之事，所以我就没说话；第二次，我见他脸上有享乐之色，是想着声色一类的娱乐之事，所以我也就没有说话。"

大臣将此话告诉了梁惠王，梁惠王回忆了当时的情景，果然不出淳于髡所言。这时，梁惠王不禁佩服淳于髡的识人之能，也终于相信了大臣所言，开始重用淳于髡。

在这个典故中，淳于髡正是利用了梁惠王流露出来的细微表情，洞悉了其真实想法，也正因为如此而赢得了梁惠王的尊重和信赖。由此可见，观其脸必先观其表情矣。在与人交往的过程中，不要错过对方脸上闪过的细微表情，抓住它，你才有可能看清其真实性情。

比如，项羽和项梁看见秦始皇游览会稽郡的时候，项羽脱口而出："彼可取而代也。"吓得叔叔项梁急忙捂住他的嘴，这表明项羽心直口快。而汉高祖刘邦在见到秦始皇的时候，则说的是"大丈夫当如是也"。两人截然不同的神态，表明了两人不同的心性。

这天，张明接到了通知，下午将要与一个大公司的客户进行商业谈判。当然，张明并不是谈判代表，而仅仅是陪同而已，真正的谈判代表是公司总经理李兵。

下午，张明忐忑不安地跟着李总走进了会客室，客户已经到了。彼此寒暄了几句，就进入了正题。张明忍不住看了对方一眼，发现他脸上面无表情，冷冰冰的，似乎不带一丝情绪。他心一紧，好像真的碰到对手了，可怎么办呢？他抬头看了看坐在身边的李总，发现一向笑脸的李总居然也板着一张脸，张明可纳闷了：这是怎么了？两个人是仇人吗？随着谈判的进行，两人都面无表情，公式化地谈论着一些合作细节，不到一小时，两人签了合同。

客户走了之后，李总呼出一口气，整个人显得格外轻松，脸上也露出了笑容。张明不解地问："李总，刚才你们干吗都板着脸？这样的谈判怪吓人的。"李总笑着解释："这位客户面无表情，想必是一个缺乏人情味儿的人，跟这样的客户交谈，我笑得再多也没用，还不如跟他一样，面无表情，这样一来，他会觉得我是同类，自然就没有了招架之力。"

李总通过客户的面部表情判断对方是一个缺乏人情味儿的人。洞悉了对方真实的心理，李总随即采取恰当的应对方式，以此达到了自己的目的。有人说："表情比嘴巴更会说话。"有时候，我们仅凭着一个动态的表情就能揣测出对方的心理。

在所有的生物中，人的表情算是最丰富，也是最复杂的。恰恰是如此丰富的表情使得人们之间的交往变得复杂而细腻。在生活中，我们常常发现人们脸上的表情与其内心的情绪恰好相反，这是为什么呢？其实，这是人们在潜意识里不愿意让对方看出自己心理的变化，用看上去比较自然的表情来阻止自己内心情绪的外泄，以此来隐瞒自己的真性情。但是，正如狄德罗在书中所说："一个人，他心灵的每一个活动都表现在他的脸上，刻画得很清晰、很明显。"

心灵物语

一个人的神态的外显通常被认为是"自然流露"，意思是指有所见或有所感而发，出自内心的自然本真，显示出的神态举止自然，但其中依然隐藏了不少真性情，你若仔细观察，必会读懂其真实内在。

率真为人，表里如一

在生活中，我们常常听人说做人难，也总觉得做一个表里如一的人确实不容易。但是，大凡在这个世界生存的人，谁也不是傻子，假如做人两面三刀，当面一套背后一套，这样又真的能欺骗多少人呢？到最后，不过是自欺欺人罢了。正如王阳明所说，做人不管善念恶念，没有一点虚假，一荣俱荣，一损俱损。

苏轼是一个识人的高手，我们可以从其生平一二事来窥其识人的本领以及过人的洞察力。

当时，有一个叫谢景温的人，与苏轼关系很不错，两个人常常在一起谈论诗文，褒贬古今。有一次，苏轼与谢景温到郊外游玩，无意间看到了一只受伤的小鸟从树上掉下来，苏轼刚想把小鸟拾起来，谢景温却抬脚就将那只小鸟踢到一边。虽说，这是一个漫不经心的举动，但苏轼的心却凉了半截，他心想：这样一个轻贱生命，损人利己的人，不可深交啊。后来，他渐渐疏远了谢景温。果然，后来谢景温为了讨好王安石，全然不念之前的交情，加害苏轼，企图将其治罪。

早年，苏轼有一位姓章的朋友，在苏轼任凤翔府节度判官的时候，两人去山中游玩。在仙游潭的时候，眼看前面是悬崖峭壁，只有一根独木桥相通。这位姓章的朋友提出让苏轼过桥，并在绝壁上留下墨迹，苏轼不敢。却没想到，那位姓章的朋友神色平静地轻松走过，然后用绳子系在树上，以高难度的手法在陡峭的石壁上留下了"苏轼章某来此"几个大字。苏轼长叹曰："能自拼命者能杀人也！"后来，章某当上了宰相，有了权势，对人毫不手软。因与苏轼政见不合，对曾经的朋友也不念旧情，将其贬至偏远的惠州。

从上面两个故事中，可看出苏轼过人的洞察力。只凭一个踢小鸟的动作，看出朋友是一个轻贱生命、损人利己的人；凭着朋友脸色平静过独木桥，只为留下几个大字，看出朋友是一个为了达到目的不惜杀人的人。事实证明，苏轼对这两个朋友的判断，都是极其准确的。当然，这些表里不一的人，必将多行不义必自毙。

古希腊哲学家苏格拉底曾经讲过谦逊的美德，同时他大肆抨击人类的装腔作势，用虚假的优点来弥补自身的缺点，用虚伪的自尊来掩饰自身的卑劣。他对于那些穿了漂亮衣服，在穷人面前炫耀的学生嗤之以鼻，对其行为的荒谬和内心的虚伪大加斥责。

刘基是元末明初著名的政治家、文学家，而且精通天文及兵法，曾帮助朱元璋推翻元朝，建立了大明朝。朱元璋登基后，便封刘基为"诚意伯"。

在刘基年轻时，一次外出来到杭州。在家乡时，他就听说，杭州有一个卖蜜柑的商人，善于研究水果保鲜和管理，不论冬天，还是夏天，他卖的蜜柑看上去都非常好，生意很兴隆。

刘基对此很好奇，也很想亲口尝尝。一天他找到了这位水果商，到那摊位一看，果然不错，人们正在争先恐后地购买。他也挤着买了几个，迫不及待要吃一个，剥开皮一看，里面就像破棉絮一样，一点儿鲜甜味也没有，哪里还能吃。刘基很生气,拿着剥开的蜜柑质问水果商:"老先生,你卖的蜜柑是让人吃的呢,还是供人摆着的呀?你这不是骗人吗?这么做,也太过分了吧!"

没想到,那位水果商听了刘基的话,毫不介意,面带笑容地对刘基说:"您别生气。说实话,我卖这个蜜柑就为的是养家糊口。再者,我卖您买,这是自由买卖,我没非要您买啊。我卖这蜜柑好几年了,买的人很多,就您来找我。您要是明眼人,就来管管这混账世道,真正搞欺骗的人不是我,而是那些有权有势的。他们在家坐着虎皮椅,出门坐大轿,或是骑着高头大马,头戴乌纱,身着锦袍。看上去,哪一个不是装得一本正经的样子?可是,他们整日干什么实事了?老百姓生活困苦不堪,下边官吏为非作歹,社会盗贼四起,他们不是白白坐在高位,享受丰厚的待遇吗?这些人,单从外表看,光鲜无比,谁不羡慕?可实际上,他们是大盗贼,跟我卖的蜜柑一样,外表似金玉,里边是破败絮。那么,您干吗不去问问这些人,为何单单查问我呢?"

刘基听了这席话,沉默不语。

表里如一的实质是诚实守信,实事求是,讲究信用。正所谓"富贵不能淫,贫贱不能移,威武不能屈",不能因为贫困卑贱的处境而改变自己的意志。做人无论处于何种境遇都当坚守表里如一的原则,保持本色方能致远。

心灵物语

有时候,我们按照良知行事,是非分明,坚决不做伪君子那套同流合污的谄媚功夫，在别人看来却是一种自大的表现。但是，做人不论方与圆，都应该始终保持本色，文质彬彬，表里如一。道貌岸然者，必定令人厌恶，又难成大器。

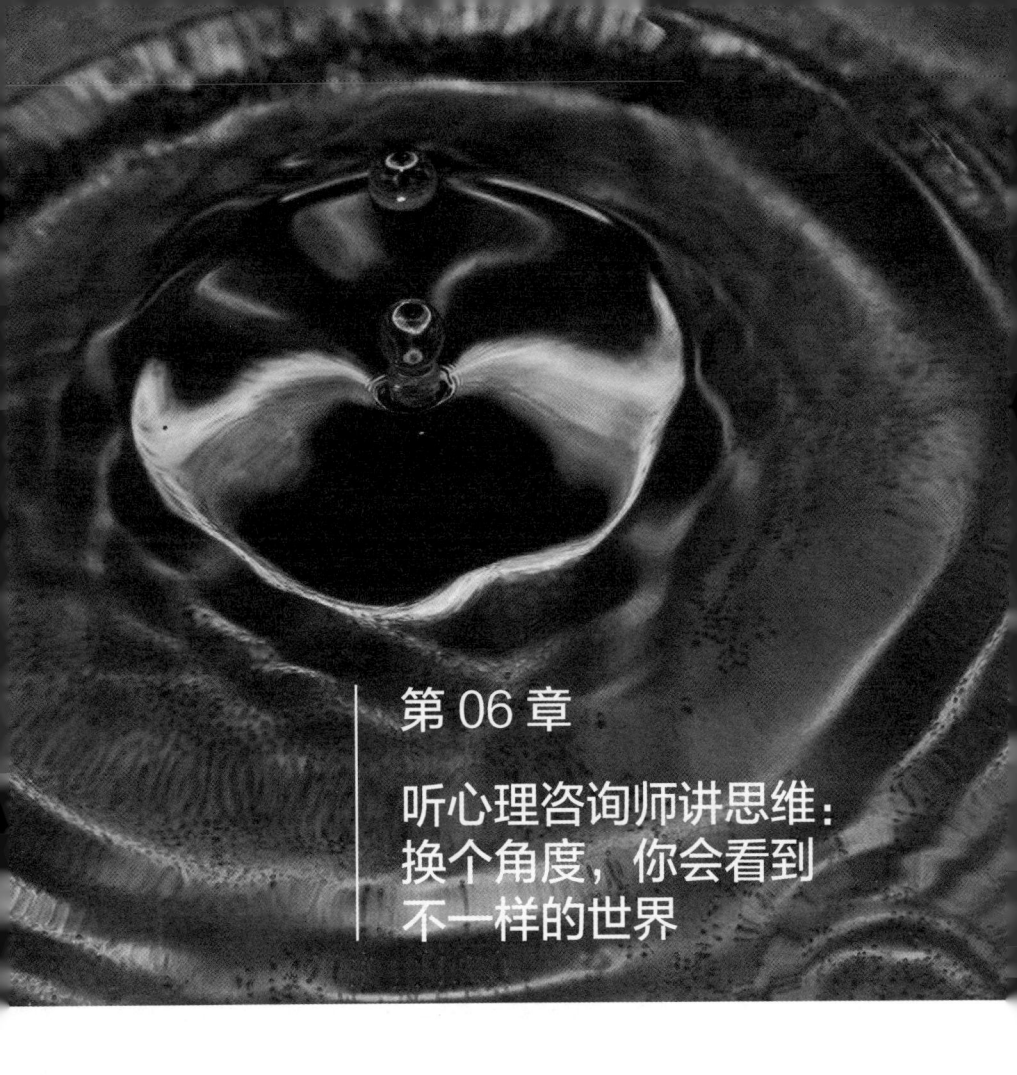

第 06 章

听心理咨询师讲思维：换个角度，你会看到不一样的世界

人生旅途有风和日丽，就有狂风暴雨，这需要我们另眼看世界，学会用变通的方法处理。生活中许多事情并不尽如人意，于是我们常常忧虑。其实，生活又何尝是百分之百完美呢？是否幸福快乐，在于我们是否可以换个角度看世界。

换个思路,奇迹就在转弯处

如今,很多人都在不停地抱怨。工作的时候,抱怨没得到满意的待遇;失业的时候,抱怨老板不讲情理;应聘的时候,抱怨好运不垂青自己。总之,人生灰暗,似乎怎么努力都不过是死水一潭。

有四个小孩在山顶上玩耍,正玩得起劲的时候,突然,从远处山顶窜出来一个大狗熊。第一个小孩反应很快,拔腿就跑,一口气跑了好几百米,可是跑着跑着,他感到身后没有人了,他回头一看,其他三个孩子都没有动,他大声喊道:"你们三个怎么还不跑呀,狗熊来了会吃人的!"

第二个小孩正在系鞋带,他回答说:"废话,谁不知道狗熊会吃人呀,但别忘了狗熊最擅长的就是长跑,你短跑有什么用?我不用跑过狗熊,只需要跑过你就行了。"这会儿,他惊奇地问旁边的小孩:"你愣着做什么?"第三个小孩说:"你们跑吧,跑得越远越好,一会儿狗熊跑近我的时候,保持安全距离,我带着狗熊到我爸爸的森林公园,白白给我爸爸带回一份固定资产。"说完,他忍不住问第四个小孩:"你怎么不跑啊,等死呀?"第四个小孩说:"你们瞎跑什么呀,老师说了在没有搞清楚问题的时候,不要乱作决策,不要乱判断,需要做市场调查，而狗熊是不会轻易吃人的，你们看山那边有一群野猪，狗熊是奔着野猪去的，你们跑什么呀？"

面对"狗熊来了"同一件事，不同的小孩有不同的思维方式，而每一种思维方式都比前一种考虑得更周到。事实上，当你试着多角度看问题的时候，你会发现狗熊并不是冲你来的，内心那些恐惧和忧虑是多余的，完全没有必要。生活依然是美好的，我们完全可以放下心中沉重的包袱。每一个人眼中都有一个与众不同的"小宇宙"，不同的人在各自的"小宇宙"中发现着不同的色彩，演绎着各自不同的人生。

老师在黑板上画了一幅画，白纸中画了一个黑色圆点。老师问学生："你们看见了什么？"全班同学一起回答："一个黑点。"老师说："你们只说对了一部分，画中最大的部分是空白，只见小，不见大，就会束缚我们的思考力，许多人不能突破自己，原因就是在这里。"很多时候，传统的思维定式会束缚我们的想象力，而从多种角度看问题，我们可能会有新的发现。

英国曾举办了一场有奖征答活动。题目是这样的：在一只热气球上，载着三位关系着人类生存和命运的科学家。一位是环保专家，如果没有他，地球在不久之后会变成一个到处散发着恶臭的太空垃圾场；一位是生物专家，他能使不毛之地变成良田，解决几亿人的生存问题，还能够运用基因技术使人的寿命延长到200岁；一位是国际事务调解专家，没有他的存在，各个军事大国的矛盾可能会一触即发，地球将面临核战争的威胁。但是，不幸的是，三位专家所乘坐的热气球发生了故障，正在急速下坠，除非把其中一个人扔出去，也许还有可能脱离危险，问题是，把谁扔下去呢？

到底该把谁扔下去呢？下面的孩子们想了起来：环保专家很重要，没有他人类将会灭亡；可是，生物专家解决的可是生存问题，没有了粮食人类就会饿死；而国际调解专家也很重要，如果发生了核战争，人类也将会灭亡。这时，一个小男孩说出了正确的答案："把最胖的一个扔下去。"

有时候，我们凭着传统的思维方式来解决问题，常常会感到无所适从，谁知，机会往往会在你犹豫不决时悄然离去。如果我们都能像那个小男孩一样，跳出常规思维，多角度去思考和解决问题，用一种全然不同的思路和方法去解决问题，可能就会有豁然开朗的感觉。多角度看问题，我们常常会获得意外的惊喜。

哲人说，有什么样的想法，就会有什么样的命运。在任何关键的时候，多角度思考都是解决问题的最好途径。有人经常说："我忙得没有时间去想。"然而，就是"没时间去想"这五个字，成为成功与失败的分水岭。平庸的人只知道"埋头拉车"，而成功的人却能"低头去想"，换个角度去思考。正因如此，他们能够找到解决问题的最好方法。

心灵物语

思想有多远，你就能走多远。不同的思维决定不同的出路。一个人在做事之前，一定要善于变换角度看问题。学会变通是跨越生命障碍走向成熟的重要一步。激动人心的成功总是和出类拔萃的创意联系在一起的，善于改变自己的思维，就会取得非同一般的成效。

换种方式生活，心态也会随之改变

在这个世界上，并没有一成不变的事情，这个世界无时无刻不在发生着巨大的变化。但是，改变将会引起人们内心的恐惧。事实上，几乎所有的改变都会导致恐惧，不管是好的改变，还是坏的改变，都会唤起人们内心的恐惧。有人想结婚，但他马上会陷入恐慌，如果爱情无法天长地久怎么办？如果自己选错了伴侣怎么办？有人想换一份新的工作，但他马上会惶恐不安，如果自己不能胜任新工作怎么办？如果公司没办法兑现求职时的承诺怎么办？甚至，有的人想改变自己的发型，也会担忧不已，万一新发型看起来很糟糕怎么办？如果自己因此而变得不漂亮怎么办？似乎这听起来是很可笑的事情，但事实就是如此：改变常常令我们感到局促不安。

王太太嫁给了一个地产大户，因为家里人看上了对方家里的财势。第一次去他家时，她看着大厅的旋转门，以及宽阔的大花园，心里觉得没什么好拒绝的。于是，婚事就这样订了下来。

结婚后，王太太过着衣食无忧的生活，老公整天忙着工作，她无聊就约上几个朋友打麻将，或者飞到香港去购物。她常常会想：如果失去了这样的生活，自己该怎么办？当然，王太太的担心并不是毫无理由的。最近，楼市跌得厉害，许多房产大户都成了穷人家。就好比经常与自己一起打麻将的张太太，去年房市低迷，他们硬是没熬过来，现在一家人挤在几十平方米的出租房里。每次打电话，张太太就哭："这日子是没法过了。"

没想到，过了不久，这样的担心真的成了事实。王先生因为投资失败，不仅血本无归，还欠了几十万元的债。王太太还没来得及再看一眼后花园，就坐着一辆破旧的面包车走了。搬家后，他们租了房子，王先生的家人凑了钱还了债，王先生和太太都开始了工作。

上班、煮饭、洗衣服、带孩子，这些事情王太太连想都没想就做了。之后，她发现自己的老公除了会赚钱，还会炒菜、煮饭，还会逗孩子开心。以前他太忙，两个人几乎没好好地在一起生活，现在这样的日子挺好的。王太太想起以前总害怕改变自己的生活，但是，真的变了，她却发现没什么不好。虽然失去了物质上的富足，但找回了久违的家的温暖。

上帝在关上一扇门的同时，会为你打开另一扇门。当我们过着熟悉的生活的时候，总是害怕会被改变。但是，许多灾难、横祸是无法阻挡的，能改变的唯有我们的心态以及我们内心的胆怯。不要去在乎自己失去了什么，哪怕是工作、房子、信用卡。无论我们的生活发生了怎样的巨变，我们都可以从头开始自己的人生，甚至，我们会重新登上新的高度。

惠普（中国）前财务总监韩颖说："好的设想常常被扼杀在摇篮里，但这绝对不是你变得平庸的真正原因，永远不要害怕改变，改变里就有契机。"

当年，韩颖离开了自己工作了9年的海洋石油公司，正式加入惠普公司，在财务部工作。那年，她34岁，面对周围朋友的异议，她说："人生什么时候改变都不会晚。"

在20世纪80年代末期，惠普公司的员工还没有工资卡，每次发工资都是手工完成。300多人的工资，又没有百元大钞，韩颖必须得一一核实，经常数钱数得头都晕了。无意中经过公司附近的一家银行，韩颖灵光一现，为什么不给员工开户，让员工凭着折子领取工资呢。

说做就做，她兴奋地告诉大家以后领工资不用去排队等候了，直接拿着折子就可以去银行领取了。但是，事情并不顺利，先是员工的抵触情绪，然后上级领导又把韩颖批评了一顿。回到财务部，韩颖努力忍住自己的眼泪，难道自己真的错了吗？

正在这时，公司的上层领导听说了这事，肯定地赞扬了她："你改写了公司手工发工资的历史，这种勇气和创新精神非常值得嘉奖！"

改变，它本身带着一种破坏性，意味着你将破坏以前固有的东西，而重新去接纳一种新的东西。几乎所有的改变都具有

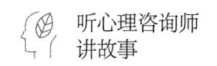

破坏性，即使是好的改变。但是，在生活中，许多事情都是需要改变的，那是不容拒绝的。或许，人的心理就是这样矛盾，不变让人厌烦至极，而改变却让人局促不安。通常情况下，那些熟悉的、不变的事情总会让我们感到心安。

心灵物语

有人说："生命开始于舒适圈的尽头。"无论改变本身带给我们怎样的不安心理，但是，我们必须记住：生活中的改变只是一个开始，而并不是一个结束。不要害怕改变，因为人生的乐趣就是接纳新的生活。

奇思妙想，换个维度看世界

要想能脑洞大开，拥有创新思维，发挥自己的创意，就要求我们不要一味地跟在别人的后面跑，要想胜人一筹，就要有独辟蹊径、开拓创新的精神。用与众不同的思维模式成就自己，吸引别人。在如今这个新事物层出不穷的变革时代，创新已经变得极其重要了。这不仅是生存的需要，更是发展和成功的需要。创新失败不是耻辱，不创新才是耻辱。今天一个人要想立足社会，最终将以有无创新意识和创新能力来论定成败。

创新、创造的价值观念早已扎根于那些成功者的大脑中。他们在不断开发自己的大脑、实现创新的过程中，资本逐渐增加,这为以后成就大事打下坚实的基础。而更有一部分人,他们的一生都在为着自己的理想和物质的富足而拼搏,只因偶尔的灵机一动,灵感的火花就使得他们创造了无穷的价值,实现了个人的飞跃。

1973年,年仅15岁的格林伍德收到别人送给他的圣诞节礼物——一双冰鞋。他非常高兴,因为他一直渴望有机会滑冰。

拿到这件礼物后,格林伍德马上就跑出屋子,到离家很近的结了冰的小河上去溜冰。可能是刚出来,他感觉到天气太冷了,一溜冰,耳朵被风吹得像刀子割了似的。于是他戴上了"两片瓦"式的皮帽子,把头和腮帮捂得严严实实的,一玩起来又热得满头是汗。

格林伍德想,为什么给耳朵保暖的东西都是帽子呢?这样非常不利于运动。既然耳朵容易感觉冷,那就应该做一件能专门捂得住两边耳朵的东西。

回到家后,他细心研究,在纸上勾画着。他终于琢磨出一个大概的样子,请妈妈照他的图做出来。他妈妈摆弄了好半天,缝出了一副棉的耳罩。格林伍德戴上它去溜冰,果然挺管用。一些朋友见到了,也向格林伍德要。格林伍德和妈妈商量,去把祖母也叫来,一起做耳罩。经过几次修改,耳罩做得更适合,也更好看了。小格林伍德把它取名为"绿林好汉式耳套",并且向美国专利局申请了专利。

一副耳套能值多少钱?申请专利又有什么用?

答案是:小格林伍德后来成了世界耳套生产厂家的引领

者，因为这项专利，他成为百万富翁。

就是这样的一个想法，一个与众不同的思维方式，使得小格林伍德尝到了创新的甘甜。金钱的积累也在短时间内迅速飙升，人生的命运也因为这样一个独特的创新性思维而改变。仔细分析，格林伍德的成功有两个关键之处，一是别人戴帽子或不戴帽子已形成了习惯，不再去想怎样保护耳朵，而他却专门做了个耳套；二是做了耳套后，他为之命名并且申请专利。换句话说，他懂得开发自己的创新思维，从小处着眼，向大处推广，把自己的创新意识扎根于现实。

从上面的故事，我们不难看出，创新思维直接表现在人们日常生活中所说的创意上。创意的起源常常是有心人的灵机一动，不需要经过严谨的学术训练和精密的理论论证。对于创意，任何一个人都可以与之亲密接触。只要勤于观察，善于思考，大胆创新，就有可能出奇制胜，获得可观的效益。

减肥是令许多人望而却步的难事，是许多减肥者的大难题。市场上的减肥中心、减肥药物等繁多，竞争激烈，大家的利润也因此降到很低。这也使得减肥者感到茫然，不知道该选择哪一家好。但有一家减肥中心因为一个创新的减肥绝招，使得自己门庭若市。

一天，一位减肥男士慕名而来，他已有过多次失败的经历了。他抱着最后一试的态度问教练，他该怎么办？

教练记下了他的地址，然后告诉他：回家等候通知，明天会有人告诉你怎么做。

第二天一早，门铃响了，一位漂亮性感的妙龄女郎站在门口，对他说：教练吩咐，你要能追上我，我就是你的。他大喜。从此每天早上都在女郎后边狂追。如此数月下来，他已逐渐身手矫健起来，他早就忘了减肥这回事，只想着一定要把那姑娘追到手。

直到有一天，他心想：今天我一定能追到她了。他早早起来在门口等着，但那位姑娘没来，来的是一位同他以前一样胖的女士。

女士对他说："教练吩咐，我要能追到你，你就是我的。"

诚然，这个故事包含着一定的喜剧色彩，但在我们笑过的同时，也不免为这位教练的机智和创新性思维感到眼前一亮。就是这种新鲜、与众不同的方法，使得人们对创新的理解更深刻。

洛克菲勒有句名言："如果你想成功，你应开辟出新路，而不要沿着过去成功的老路走……即使你们把我身上的衣服剥得精光，一分钱也不剩，然后把我扔在撒哈拉沙漠的中心地带。但只要有两个条件——给我一点时间，并且让一支商队从我身边经过，那要不了多久，我就会成为一个新的亿万富翁。"

敢于说出这样的话的人，肯定充满了豪情壮志。让人不禁动容，这种坚定的信念和敢于创新的精神无疑是做事成功的一个根本素质。

心灵物语

拥有创新思维，在日常的生活中多留心观察，同时开动自己的大脑，抓住自己一时的灵感，把握创意，并敢于行动的，多半会成为成功者。创新性思维每个人都能够具有，而创意就发生在我们的身边，它可以不是一个具体的产品，可以只是一种思路。

换个角度看问题，就会换一种心情

人生就像一朵鲜花，有时开，有时败，有时候面带微笑，有时候却低头不语。其实，人生就是这样，无论我们处于什么样的境地，只要学会看情绪晴雨表，学会调节出好心情，你会发现，人生远没有想象中的糟糕，并且我们所遭遇的那些根本不算什么。人生，注定是一条充满曲折、困难的路，或许烦恼无所不在，但是面对一些事情，我们如果能够尝试着打开心灵的另一扇窗户，以一种积极、乐观的心态去面对，我们会发现，所谓的烦恼根本不存在，人生依然无限美好，问题的出现并没有影响我们的好心情。

有人这样抱怨："这天老是下雨，还要不要人活啊，今天出门的计划又泡汤了。"而在街头的另一处，一位少女正撑着雨伞，小脚丫在雨水中快乐地奔跑。我们发现，"下雨"这个事实并没有改变，少女所改变的不过是自己的心情。像天气预报一样，情绪也有晴雨表，要想自己拥有一个好心情，我们要善于选择"晴朗的天气"，而不是沮丧的"雨天"。

有个老太太有两个儿子，一个卖伞，另一个刷墙。可是，老太太每天提心吊胆，闷闷不乐。因为晴天的时候，她担心儿子的伞卖不出去，下雨的时候，她又开始发愁另外一个儿子没法刷墙。后来，一位智者告诉她："试着换个心情，你想想，下雨的时候伞卖得最多，那卖伞的儿子生意不正好吗，心情就好了；天晴的时候刷墙正好，刷墙的儿子生意也兴旺，心情自然也就好了。这样一来，无论是晴天，还是雨天，对于你来说，心情都没有改变。所以，不管什么时候，你都应该选择一份快乐的心情。"老太太听了，笑逐颜开，再也不用整天担心了。

杯子里有半杯酒，一个酒鬼来了，看见就摇了摇头，十分沮丧："唉，只有半杯酒。"一会儿，又来了一个酒鬼，看到半杯酒兴奋地说："太好了，还有半杯酒。"杯子里依然是半杯酒，但是，因为他们心境不同，自然心情大有不同。

每个人的心中都有一个情绪晴雨表，只是，我们常常习惯于看见阴郁的雨天，而忘记了晴朗的那方天空。于是，我们的情绪也变得阴郁起来，不由自主地以悲观、消极的心态来面对生活。如此一来，那些原本看起来十分小的事情，也会让我们火气大发，甚至，阴郁的心情逐渐蔓延并影响我们身边的人。

从前，有一位禅师，他十分喜爱兰花，在平日讲经之余，禅师花费了许多时间来栽种兰花，弟子们都知道禅师已经把兰花当成了自己生命的一部分。

有一次，禅师要外出云游一段时间，在临行前，禅师特意交代弟子："要好好照顾寺庙里的兰花。"在禅师云游的这一段时间里，弟子们都很细心地照料着兰花。但是，有一天，一位弟子在浇水时不小心将兰花架碰倒了，这下把所有的兰花盆都摔碎了，兰花也洒了满地。弟子感到十分恐慌，并决定等禅师回来后，向禅师赔罪。

过了一段时间，禅师云游归来，听说了这件事，便立即召集了所有的弟子们，他非但没有责怪那位弟子，反而安慰道："我种兰花，一是希望用来供佛，二是为了美化寺庙环境，而不是为了生气而种兰花的。"

禅师喜欢兰花，是一种情感的自然释放，并不是为了生气而种兰花的。因此，即使弟子不小心弄坏了兰花，禅师也选择了快乐的心情，他不仅没有生气，反而安慰弟子们。面对兰花这件事情，禅师选择了坦然的心境，自己虽然喜欢兰花，但并没有因失去兰花而烦恼。所以，失去了兰花并不会影响自己的情绪，禅师依然有一份难得的好心情。而且，即使生气又有什么用呢？反而会乱了自己的心情，坏了情绪，不如选择一份快乐的心情，以坦然的心境面对一切，这样我们才会收获人生的幸福与快乐。

心灵物语

心情，与生活一样，我们是可以选择的，即使事情变得十分糟糕，我们也依然能选择以快乐的心情面对。这样我们既能看清楚事情的真实情况，积极乐观的心态又可帮助我们更好地解决问题。

第 07 章

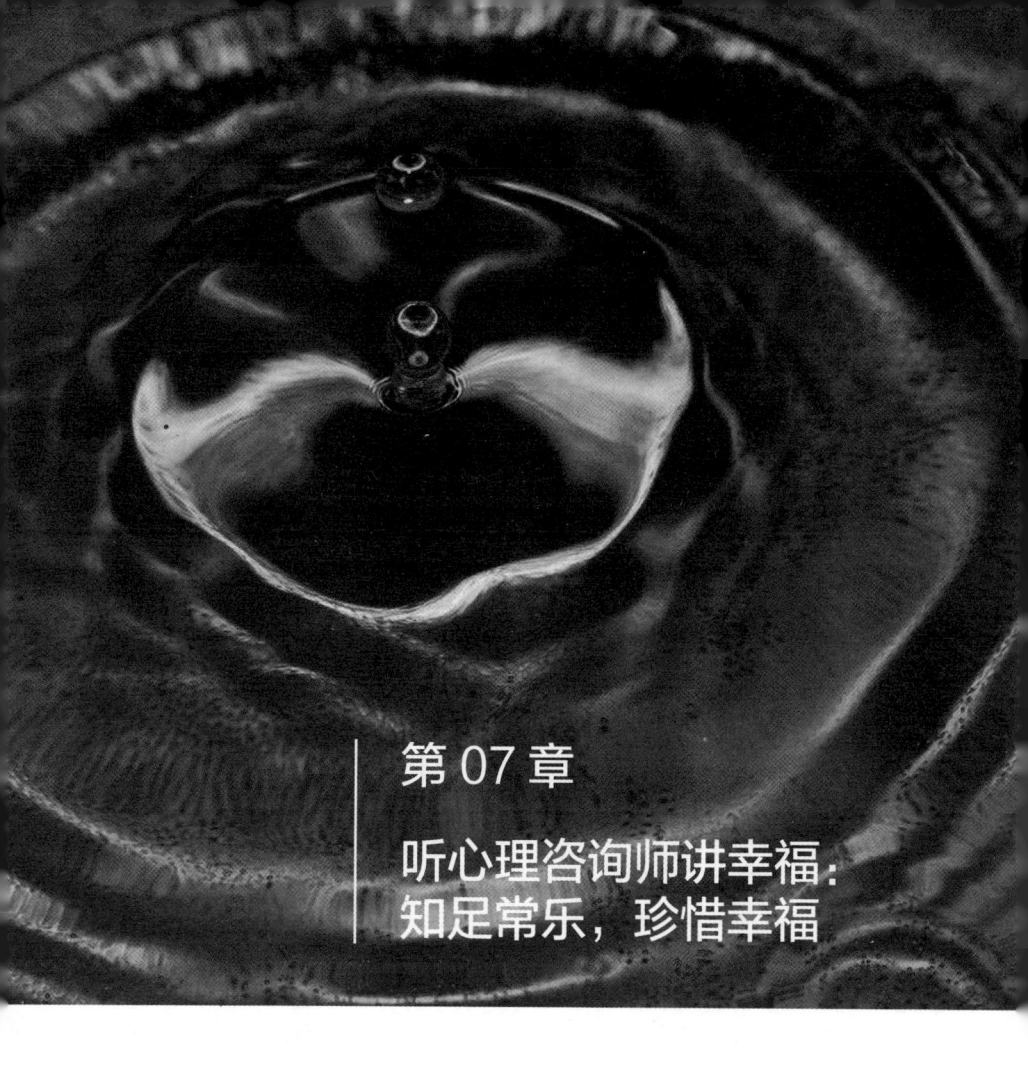

听心理咨询师讲幸福：知足常乐，珍惜幸福

人往往是奇怪的，矛盾的，直到自己失去拥有的东西时，方认识到其珍贵。曾经的朝夕相处不觉得重要，可一旦离开了，想起的全是过去的点点滴滴。无论拥有什么，又失去什么，都已无法挽回，唯有此时此刻才是真的。

活在当下,享受当下

如果你希望自己的一生能生活得十分快乐,那么就要学会活在当下,这样才会活得自在。你要分清楚过去和现在。你的过去只会对现在产生影响,如果你被困在过去的阴影中,你就不可能快乐地生活在今天。虽然对过去和未来的某些思考是有益的,但是花费过多的时间去反省过去,计划未来,这其实是在浪费时间。因为生活本身只有在此时此地,才能充分享受到其中的快乐。我们不是否认过去,而是不能沉溺过去,只有关注现在,我们才能活出本色,才能发挥我们的聪明才智,生活才能更加真实和精彩。

一个快乐的原则,就是"只为今天,活在当下"。根据快乐的原则,制订一个快乐的计划,只为今天而活。生活在今天,你就应该放下过去的烦恼,舍弃未来的忧思,把自己所有的精力投入到今天的生活中。因为过去的已经过去了,而未来还很遥远,所以今天才是应该抓住的机会。把你怀念昨天或者幻想明天的时间都用在今天。如果今天遭遇了困难,那么就要努力地克服;如果你今天遇到了喜悦的事情,那么就敞开胸怀地大笑。

威廉·奥斯勒年轻的时候,是蒙特利尔综合医院的一名医科学生。在他学医的那一段时间里,他对自己的生活充满了忧虑,不知道怎样才能通过眼下的期末考试,也不知道将来会在什么地方,创立什么样的事业,更不知道明天该怎么去生活。他整天为这些事情担忧着,无心自己的学业。偶然一次,他无意间在一本书上看见了这样一句话:"对我们大家来说,生活中最重要的事情不是遥望将来,而是动手厘清自己手边实实在在的事。"正是从书上看到的这句话,改变了这位年轻的医科学生,使他后来成为最有名的医学家,创建了举世闻名的约翰·霍普金斯医学院,并成为牛津大学医学院的指定讲座教授。

后来,威廉·奥斯勒给耶鲁大学的学生作了一次演讲,他说:"像我这样一个曾在四所大学当过教授,撰写过畅销书的人,大家以为我会有'特殊的头脑'。但是事实并非如此,我的朋友都知道,我的脑袋是再普通不过的了。"

有人问他:"那你的成功秘诀是什么呢?"威廉·奥斯勒认为:"我之所以能够成功,是因为我活在完全独立的今天。"

奥斯勒的话并不是让我们不要为明天而下功夫做准备,他说最好的办法就是尽自己最大的努力,把今天的工作做到完美无缺,这才是应对未来唯一可靠的方法。奥斯勒把每一天都当作完全独立的,他不会沉溺在过去,也不会为未来忧虑,所以他能够信心满满地应对今天的事情。生活对于他,每一天都是快乐的,每一天都是自由自在的,所以最后他能够在医学上取得瞩目的成就。

林肯曾经说过："大部分的人只要下定决心都能很快乐。"每个人的快乐不是来自外在的，而是来自内心。只要每一天保持快乐的心态，活在当下，你就会获得自由自在的快乐。人为什么会忧虑？是因为沉溺在痛苦的过去，焦虑不可知的未来。如果你能够在心里抛下昨天和明天，只是展望今天，那么你心里的压力和负担就不会那么沉重。你就可以用轻松的心情来面对今天的困难或愉悦，那么你就觉得自己的每一天都是快乐的。

心灵物语

幸福的人要学会用快乐的心态来面对每一天，把"活在当下，活得自在"当作自己的座右铭。活在当下，就要保持自己的身体健康，珍惜自己；在每一天坚持努力，学习一些有用的东西；试着只考虑怎么好好度过今天，而不是把自己一生的问题都在今天解决。

用清晨第一缕阳光迎接全新的自己

当你早上睁开眼睛，看见外面明媚的阳光是那么灿烂美丽，再呼吸一下新鲜空气，整个人都是清爽的，整个人都充满了精神。也许并不是每一天你都能感受到大自然的美好，但是日落之后，黎明到来，那就是新的一天。有人说："当我看到太阳从地平线上升起来时，就知道这又是崭新的一天了。"聪明人会把每一天都当成一个新的开始。无论昨天多么的困难，都已经过去了，从每一天黎明之时，便开启了新的生活。每天都是一个新的开始，当你这么想的时候，你已经精神百倍地去开始今天的生活了。

把每天当作新生，"你我都站在过去与未来这两个永恒的交汇点上。浩瀚的过去永远存在，而未来也将永远前进。我们不可能活在过去，也不可能活在永恒"。所以我们不可能生活在两个永恒的中间，连一秒的持续时间也没有。如果你总是停留在过去的阴影里，这些负面压力就会摧垮你的身体和精神。所以，我们能做的就是把每一天都当作新生，并为活在这一刻而自豪。罗伯特·史蒂文森写道："从现在一直到我们上床，不论任务有多重，我们每个人都能坚持到夜晚的降临。无论工作多么艰苦，每个人都能做自己当天的工作，都能很开心、很纯洁、很有爱心地活到日落西山，这就是生命的真谛。"生命的真谛就在于把每一天都当作新的一天来度过，这样你才会把自己所有的精力和热情都放在今天，让你的生命焕发出无限的光彩。

薛尔德太太住在密歇根州沙支那城，她以前是靠推销《世界百科全书》之类的书籍生活，后来因为有了自己的家庭便辞去了工作，那时候日子虽然不富足但是也过得很安乐。但是很快，她安逸的生活就陷入了苦难。在1937年，她的丈夫去世了，她几乎身无分文，这令她非常恐慌。那段时间，她的精神极度颓废、崩溃，甚至差点自杀。后来，她给以前的老板奥罗区先生写信，请求他能让自己做回以前的工作。于是，她四处借钱凑足了分期付款的钱买了一辆旧车，她又开始重新推销那些书籍，以此为生。

薛尔德太太希望能够通过繁忙的工作来抵消自己的颓废和不安，可是她很快发现不行。毕竟她的丈夫已经不在了。只有她一个人驾车，一个人做饭吃，一个人生活，这所有的一切都令她无法承受。而她的工作也带给自己一些困扰，有些地方根本就卖不出去书，所以业绩不太好，虽然她买车的钱不是很多，但是对于她来说还是很难凑齐。她每天的心情都很沮丧，对生活也没有什么希望，她甚至绝望得差点自杀。

有一天，她读到了一篇文章，就是那篇文章中的一句话让她活了下来："对一个聪明人来说，每天都是一个新人生。"这句话令她精神振奋，于是，她把这句话打印出来，贴在汽车前面的挡风玻璃上，为的就是自己开车的时候能随时看见它。薛尔德太太发现每次只过好一天一点都不难。就这样，她摆脱了孤寂和恐慌，她变得很快乐，工作业绩也提升了。

薛尔德太太正是把每一天都看作新生，所以她能够在每一天里忘记过去，不想将来，只是关注当下的这一天。所以她能够很快摆脱自己过去的恐慌心情，而变得十分的快乐，这样自己工作起来也很有精神。不管昨天有多么糟糕，但是毕竟已经度过了昨天，就应该忘记充满痛苦的昨天，带着新的心情开始新的一天。你就会发现，每次只过好一天是多么容易的事情。

人最可悲的就是，无视窗外悄悄绽放的玫瑰，而去梦想着天边奇幻的玫瑰园。如果你总是怀着悲伤的、孤寂的心情去度过每一天，你就会什么事情都做不好，反而内心的恐慌会变本加厉地折磨你，你会日渐消沉，陷入人生的黑暗。所以无论你在生活中遇到了什么，都不要害怕，因为你只需要活好每一天。

心灵物语

随时保持一份乐观的心情，记住每一天都是一个新的开始，不要沉浸在昨天的回忆中。新的一天，就要用尽全身的力气去表现，把自己最美丽的一面展示出来，让自己的每一天都充满精彩和欢乐。

知足常乐，为你已经拥有的感到幸福

有人说："世间最珍贵的是'得不到'和'已失去'。"人们用尽了一辈子去验证这句话，可到了迟暮之年，才发现：原来，世间最珍贵的不是'得不到'和'已失去'，而是现在能把握的幸福。流年似水，人生苦短，世界上许多固执的人，为了追求自己得不到或已经失去的东西，而放弃了眼前唾手可得的幸福，这是多么不值得啊。

孟子曰："鱼，我所欲也；熊掌，亦我所欲也。二者不可得兼，舍鱼而取熊掌者也。生，亦我所欲也；义，亦我所欲也。二者不可得兼，舍生而取义者也。"人生漫漫路上，我们总是面对着得与失的艰难抉择，得与失就如同一对生死兄弟，我们只能选择其一，有得必有失，有失必有得，这就是哲理所在。其实，在很多时候，我们没有必要去计较得失，只要怀着一颗感恩的心，珍惜眼前的生活，那么，我们将获得更多。

有一个朋友，婚姻已经走过十个年头了，其间经过的磕磕绊绊风风雨雨自然是不必多提，多少次横眉冷对，多少次咬牙切齿，多少次怀疑能否并肩到最后。

有一次，夫妻两人在路上意外途经车祸处理现场，由于货车司机疲劳驾驶，汽车冲进了路旁的山沟里，满车的货物碎成了一堆残片，而驾驶室里的3个人甚至已经无法看清容颜。这起车祸发生了6个多小时，死者的身份依旧无法确认。

忽然之间，夫妻俩有了醒悟：平日争吵的内容无外乎一些鸡毛蒜皮的小事，而造成的结果却是互相埋怨，甚至是恶毒的咒骂。见了如此惨景，难道不该庆幸自己还活着吗？不该庆幸自己有一个温馨的家庭吗？难道不应该互相珍惜吗？

从此以后，虽清贫的小家却充满了欢声笑语。

世事变幻风云莫测，旦夕祸福，谁也无法预测，唯有珍惜眼前拥有的幸福。如果你常常抱怨自己失去得太多，那么，不妨豁达一些，珍惜眼前，你就会发现：自己拥有的，并不比别人少。

人的幸福感很多都是在比较中产生的，自己通常是感觉不到的，我们感觉到的常常是不幸福。一个人可以健康地呼吸，他会认为这是最自然的事情。但是，忽然有一天，他生病了，才明白自由呼吸是一件多么幸福的事情。其实，他没有得到什么，也没有失去什么，只是经历过之后会更懂得珍惜眼前的生活以及自己所拥有的一切。

一个学生向苏格拉底请教，世界上什么东西最宝贵。苏格拉底没有直接回答，而是领着他去访问了一个在河边晒太阳的老人。年轻人向老人提出了同样的问题，老人颤颤巍巍地站了起来，羡慕地盯着年轻人容光焕发的脸庞说："在我看来，世间再没有什么东西比青春更宝贵了。瞧，你拥有青春多么好！可惜，青春对每个人来说只有一次，我不可能再拥有它了！"

他们一路访问下去，那些拥有权力的人渴望友情，精神压抑的人渴望快乐，门庭若市的人渴望宁静。人们的回答尽管各不相同，但有一点很相似：那些最宝贵的东西，都是已经失去或即将失去的东西。

这时，苏格拉底说："孩子，世界上的许多东西其实都是十分宝贵的。当我们拥有它的时候浑然不觉，而一旦失去它，便感到它的宝贵了。所以，我们应该学会珍惜，珍惜我们当下拥有的。"

学会珍惜，这四个看似简单的字，组合在一起，却变成了一个意义深刻的话题。大海之所以广阔无垠，是因为它珍惜每一条小溪；群山连绵巍峨，是因为它珍惜每一块砾石；树木枝繁叶茂，是因为它珍惜每一缕阳光。人生在世，有许多需要珍惜的东西。但是，人们往往在拥有时不懂得珍惜，在失去之后，才会想到珍惜，却为时已晚。

木棉花有一个美好的花语——珍惜眼前的幸福。身患重病的人会觉得健康是一种幸福，骨肉分离的人会觉得合家团聚是一种幸福。许多在雨夜中赶路被淋得浑身湿透的人都有过这样的感受，当走进一家亮着灯的小店铺时，一碗热汤给予的幸福感往往是刻骨铭心的。为什么一定要等到失去后才学会珍惜呢？人生总有得失，我们需要学会珍惜，懂得珍惜，这样才会使我们的生活多几分甜美，少几分遗憾，多几分幸福，少一些痛悔。

心灵物语

在生活中，我们所拥有的健康、自由、亲情、友情，都是极大的幸福。但是，我们在拥有它们的时候，并不知道珍惜。由于内心欲望的驱使，使得我们想获得更多的东西，其实，我们得到的已经很多，只是不懂得珍惜而已。

努力就好，不惧得失

生活中，我们对于一些事物往往是等到失去时才觉得弥足珍贵，从而觉得遗憾。遗憾是因为失去的东西对自己很重要，那是自己努力争取过的，越是觉得惋惜越是说明东西的重要性。不过，遗憾也只能无济于事。因为世事难料，所谓"塞翁失马，焉知非福"，对于那些争取过的东西，我们不应该害怕失去。当然，失去意味着结束，对已成定局的事情做无谓的挽留或争取，不过是在浪费自己的时间和精力，这是很愚蠢的，也是没有任何意义的。如果失去了，就应该让这件事告一段落，而不是处处较真，总是纠结在失去的痛苦之中。在失去之后，我们应该及时调整自己的心态，及时总结，吸取教训，以免在以后的生活中出现类似的问题，从而使自己得到成长。

不要害怕失去，因为我们所拥有的一切都将失去；不要担心未来，所有属于我们的都会出现。如果我们已经竭尽全力，努力争取过，那就不要害怕失去。自信、坚强、勇敢是洒在我们心田的阳光。我们的祖先留下来一句老话："旧的不去，新的不来。"这是很有道理的，正因为失去了，我们才会去努力，使自己重新拥有更好的，这样社会才会进步。有些东西在冥冥之中是注定的，是你的终究是你的，不是你的就算你得到了还是会离你而去，只要努力过，争取过，那就不后悔。因此，一旦失去了就不要较真，不要强求，凡事随缘，这样自己也就不会太累。

老周是中学里一名优秀的教师，风趣幽默，博学多才，深得学生们的喜欢。按理说，这样一份稳定的工作，应该算是可以了。但老周并不这样想，想到家里拮据的生活，以及总是穿着朴素的妻子，他就觉得心酸。他觉得，一个大男人不应该让妻儿过这样的生活。"教师"这个职业，真的像某些人说的那样，吃得饱，不饿着。但永远也只能维持这样的水平，富不了，饿不死。老周眼看着身边的同学都下海经商了，他眼红了。谁不想过好日子呢？老周觉得，自己也可以去尝试一下。

说干就干，老周办了停薪留职手续。因为目前学校正进行人事调动，大家都觉得老周会成为学校领导班子的一员，却没想到他在这时候办停薪留职。但老周只是笑笑："没事，万一'海里'不好混，我就还是上岸来。"大家都笑了。

老周拿了家里的全部积蓄，通过朋友的介绍，南下广州做小生意。殊不知，商海并不如学校那样安稳，对于经常研究教学的老周而言，商海确实比较复杂，人心叵测，尔虞我诈，这让老周感到很疲惫。虽然经常会有这样的感受，但老周还是努力去做生意，可他好像天生就不是做生意的料，不是投资失败，就是血本无归。

2年过去了，老周还是一贫如洗，而且积蓄也没有了，他只好灰溜溜地回到了家里。闭门待了一个星期，老周想通了，自己努力了，争取了，即便做不成生意，损失了钱财又怎么样呢？那至少证明自己并不适合做生意，这样想着，老周决定重新回到学校做老师。

回到学校，老周还是一名普通的老师，当年跟自己同一个水平的同事都成了领导。一时之间，老周领悟了得失的奥秘。朋友纷纷为老周当年的冒失"下海"感到惋惜，更为现在的状况感到担忧，但老周却说："没事，凡事争取过，努力过，即使是失去了，我也不会后悔。"

对于未来的美好的生活，老周敢于去争取，敢于去努力，即便这个环境与自己的个性格格不入，他也会努力把事情做好。虽然，最终他做生意失败了，等自己回到学校的时候，发现身边的同事已经成为自己的领导，但在得失之间变得从容的他并不觉得后悔，更不会有遗憾。他觉得，凡事只要自己争取过了，努力过了，即便最后失去了，经历的过程也是很有价值的。

无论失去的东西对我们有多么的重要，那都是已经失去的，过去已经成为历史，而这些都是无法更改的。有些事物失去并不可怕，可怕的是人失去自我，失去信心。当我们面临失去，面临困难和挫折的时候，我们要相信阳光总在风雨之后。人生会面临无数次的取舍，请不要害怕失去，只要我们把握现在，着眼未来，只要心中怀着希望，那明天就一定会更好。

❤ 心灵物语

当我们总为失去难过的时候，那是因为我们舍不得失去，我们总在为失去而后悔、惋惜、痛苦，但即便是这样，又能怎么样呢？难道后悔和惋惜可以让我们重新获得那些失去的东西吗？当然不能，因此，与其为失去而痛苦，不如为新的开始而努力。

第 08 章

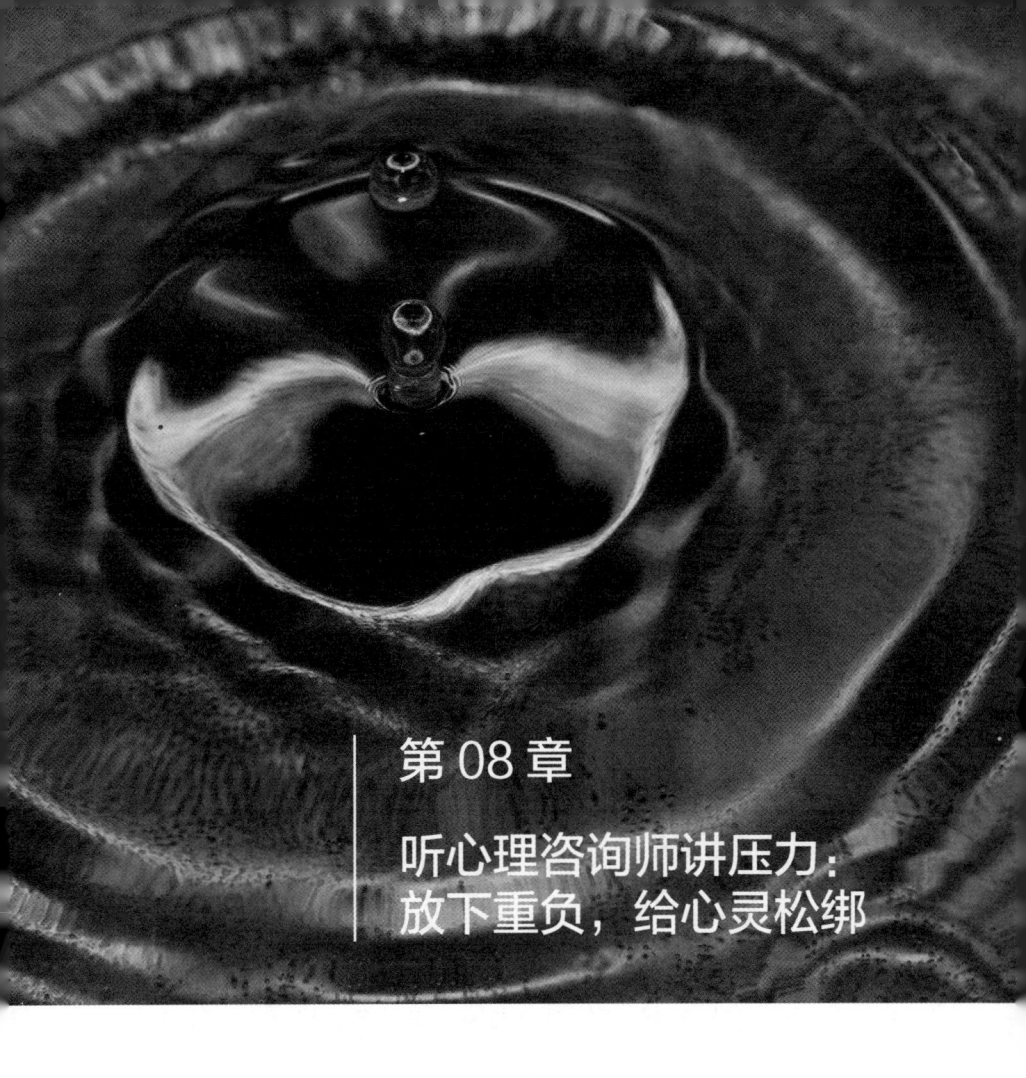

听心理咨询师讲压力：
放下重负，给心灵松绑

对每个人而言，眼前的迷雾并不可怕，可怕的是心中充满迷雾。当一个人自欺欺人成为习惯，人生势必会成为一团迷雾，再也分不清前进的方向。所以，很多时候，我们最需要的还是拨开心灵的迷雾。

生活是自己的，适合就好

有人说："追求幸福的人分两种，一种是追求属于自己的幸福，另一种是追求属于别人的幸福。"前者懂得定义属于自己的幸福，而后者只是追逐他人定义的幸福。在生活中，我们又何尝不是这样呢？有时候，我们生活得并不如意，若是问为什么，我们的回答却是："我没有达到某种生活的标准。"我们总是听别人说，有了房子才有安全感，于是就为了别人所定义的"安全感"背上了十年、二十年的债务，节衣缩食，心不甘、情不愿地当起了房奴；我们总是听别人说，在高级餐厅里约会才是最浪漫的，于是我们就将这当作一种美好生活的向往，宁愿吃方便面也要勒紧裤带去潇洒一次；我们总是听别人说，没去过健身房就不够时尚前卫，于是我们就赶紧去健身房报名，学那些自己并不感兴趣的课程，只是为了达到别人所定义的"幸福生活"。

但那些生活真的属于自己吗？为什么即便我们达到了这样的生活标准还是不快乐呢？究其原因，在于我们与自己太较真，总是一味地追求那些不属于自己的生活，就好像我们穿着不合尺寸的衣服，不是太大，就是太小。

我们的生活是过给自己的，而不是过给别人看的，别人的生活标准未必就真的适合自己。因为生活的幸福和快乐是自己内心的一种感觉，如果只是迎合别人的取向，难免会苦了自己。那些苦苦追求不属于自己生活的人，他们与自己的心灵对峙着，换言之，他们总是与自己较真，越是不属于自己的，越是想要去尝试。在羡慕的过程中，他们浑然忘记了自己原本美好的生活，而是将别人的生活当成是自己生活的标准。

一只来自城里的老鼠和一只来自乡下的老鼠是好朋友。有一天，乡下老鼠写信给城里的老鼠说："希望您能在丰收的季节到我的家里做客。"城里的老鼠收到信之后，高兴极了，便在约定的日子动身前往乡下。到了那里之后，乡下老鼠很热情，拿出了很多大麦和小麦，请城里的好朋友享用。看到这些平常的东西，城里的老鼠不以为然："你这样的生活太乏味了！还是到我家里去玩吧，我会拿很多美味佳肴好好招待你的。"听到这样的邀请，乡下老鼠动心了，就跟着城里老鼠进城去了。

到了城里，乡下老鼠大开眼界，城里有好多豪华、干净、冬暖夏凉的房子，看到这样的生活，它非常羡慕。想到自己在乡下从早到晚，都在农田上奔跑，看到的除了泥土还是泥土，冬天还在那么寒冷的雪地上搜集粮食，夏天更是热得难受，这样的生活跟城里老鼠比起来，真是太不幸了。

可是，到了家里，正当它们刚要爬到餐桌上享用各种美味可口的食物时，突然，"咣"的一声，门开了。两只老鼠吓了一跳，飞奔似的躲进墙角的洞里，连大气也不敢出。乡下老鼠看到这样的势头，想了一会儿，对城里老鼠说："老兄，你每天活得这样辛苦简直太可怜了，我想还是乡下平静的生活比较好。"说罢，乡下老鼠就离开城市回乡下去了。

显而易见，这个故事的寓意在于：适合自己的生活方式并不一定适合别人，同样，适合别人的生活方式也不一定适合自己。因此，如果自己当下生活得还不错，那就过好属于自己的生活，而没有必要去追求别人定义的生活。我们应该明白，别人的快乐和幸福并不适用于自己。

我们总是向往着这样的生活：条件优秀的老公、可爱的孩子、宽大的房子、豪华的轿车、稳定的工作。在我们看来，似乎这样的生活才是最幸福快乐的，但这样的生活适合自己吗？有时候就是自己的外在与内心互相对峙，明明这是心里不喜欢的，但为了迎合别人的眼光，而刻意将自己的生活变得面目全非。所以，放下对别人生活羡慕的眼光，放下内心的固执与较真，学会享受自己生活所带来的快乐与宁静。

稚拙的文字仔细品味却是大道理，生活也是因人而异的，我的生活在你眼里并不一定是好的，而你的生活我也不一定认同。很多时候我们不快乐，是因为我们总是与自己较真，没有按照自己喜欢的方式去生活，而是在不经意间迎合别人的要求，刻意改变，违背内心真实的想法，所以我们才会变得不快乐。所以，放下那些所谓的"标准意义的生活"，按照自己内心真实的想法去追求生活，我们应该记住，真正让自己快乐的是自己内心的内心而非别人的眼光。

心灵物语

卞之琳说："你站在桥上看风景，看风景的人在楼上看你。"其深层含义在于，虽然我们每个人都把别人当作风景，其实，在别人眼中，自己又何尝不是一道美丽的风景呢？所以，学会对自己的生活释怀，因为属于自己的生活才是幸福快乐的生活。

放下心中的负累，轻松前行

曾经有位哲人说："当我们需要前行的时候，需要放下重负，让自己的心变得轻盈，这样才能更好地前行。"重负，有可能是我们心灵上的包袱，也有可能是我们肩膀上的负重，但不论是哪里存在的负担，都将阻碍我们继续前行，甚至会让我们身心疲惫不堪。在人生的道路上，有的人因为负荷太重而步履维艰，有的人因为欲壑难填而疲于奔命，有的人因为深陷悲痛之中而难以自拔。

如果你想要所走的每一步都充实而轻盈，那么，适当放下一些重负，让自己的人生变得轻盈，这何尝不是一个可行的办法。生命如舟，载不动太多的物欲和虚荣，假如你不想让生命之舟搁浅或者沉没，那就应该放下重负，让自己轻松前行。

小宋从小就喜欢画画，经常拿着笔在墙上、报纸上涂画，妈妈看见了，就把他送到了美术班里学习。长大后的小宋更加喜欢绘画了，高考那年，他费尽口舌说服了妈妈，让自己报考美术学院。在大学里，小宋描画着自己人生的蓝图，他想坚持下去，通过画画挣钱来让妈妈幸福。

大学毕业后，小宋开始找工作了。他整天奔波于各家报社，希望能够成为报社的一名美术编辑。可是，各家报社的总编都以种种理由拒绝了他的求职申请。在多次碰壁之后，他绝望了，原本希望通过自己的一技之长来给妈妈幸福的生活，却发现社会根本没有自己的容身之地。在一连串的现实的残酷打击下，小宋愈加颓废了，妈妈心疼地说："你既然那么喜欢画画，不如自己开一间画室吧。"小宋听了，心里很难受，当初是想通过找份工作继续自己的绘画创作，现在却需要自己的这份才华去养家糊口。这样一种矛盾的心情一直在纠缠着，这让小宋觉得自己身上好像背负了一块大石头。

思索了很久，小宋决定放下心中的重负，自己开一间画室。于是，他向亲戚朋友借了十几万元，再加上妈妈的积蓄，他开了一间属于自己的画室，既教小朋友画画，又出售自己的作品。几年之后，小宋的画室成为这个城市有名的美术培训学校，他不仅还清了所有的欠债，还拥有了自己的房子、车子和存款，当初给妈妈许下的承诺也一一实现了。他每天教画之余，会用心地钻研绘画的技能，这也逐渐提高了自己的绘画水平，在美术界里成为小有名气的画家。

对于绝大多数人而言，面对沉重的负荷，以及自己梦想得到的东西，他们无法放手，会本能地抓住那些东西，唯恐失去。如果真的失去了，他们就会为得不到而烦恼，郁郁寡欢。小宋适时放下心中的重负，既解决了眼前的生活问题，又为实现自己的梦想奠定了基础。

曾经有个人，他总埋怨生活的压力太大，生活的担子太重，压得他喘不过气来。他觉得很累，想试图放下担子。他听人说，哲人柏拉图可以帮助别人解决问题。于是，他便去请教柏拉图。柏拉图听完了他的故事，给了他一个空篓子，说："背起这个篓子，朝山顶去。但你每走一步，必须捡起一块石头放进篓子里。等你到了山顶的时候，自然会知道解救你的方法。去吧！去找寻你的答案吧。"于是，年轻人开始了他寻找答案的旅程。

刚上山时，他精力充沛，一路上蹦蹦跳跳，把自己认为最好的、最美的石头，都一个一个扔进篓子里。每扔进一个，便觉得自己拥有了一件世上最美丽的东西，很充实，很快乐。于是，他在欢笑嬉戏中走完了旅程的1/3。可是，空篓子里的东西慢慢多了起来，也渐渐重了起来。他开始感到，篓子在肩上越来越沉。但他很执着，仍一如既往地前进。

而最后1/3的旅程让他吃尽了苦头。他已经无暇顾及那些世界上最美丽、最惹人怜爱的东西了。为了不让沉重的篓子变得更重，他毅然舍弃了这些，只是挑选了一些非常轻的石头放进篓子。他深知，这样的舍弃是必要的。然而，无论他挑多轻的石头放入篓子,篓子的重量也丝毫不会减少,它只会加重,再加重,直到他无力承受。最后他背着篓子,艰难地走完了这最后1/3的旅程。

俗话说:"远路无轻物。"在人生的道路上,当我们需要负重前行,越行越远的时候,我们会感到举步维艰。虽然会抱怨自己怎么会选择了这么多东西,但还是不舍得放手。直至终点,打开担子,我们才发现:那些曾经我们以为放不下的东西,现在对我们而言却是无用的东西。

有时候,心灵的重负才是真正阻碍我们前行的绊脚石。如果我们总是纠结于内心,无法放下某些欲望,那我们是难以保持轻松的姿态前行的。因此,不要纠结于自己的内心,让不堪重负的心灵变得轻盈起来。

心灵物语

曾经有位哲人说:当我们无法得到的时候,放下也是一种智慧。生活中需要我们坚持的东西太多,以至于我们承受不了现实给予我们的压力,那么不妨学会放下一些东西,这是一种生存的智慧。因为只有放下了某些东西,你才会重新得到一些东西。

何必苛求，真实的生活并不完美

追求完美，似乎是每一个人的梦想。在生活中，人们总是在追逐完美，可在这样追逐的过程中，无数的烦恼困扰着他们，愤怒、生气，越是较真，越是觉得心很累。或许，在任何人的心中，完美都是一座圣殿，我们可以在内心里向往它、塑造它、赞美它，但是我们不能把它当作一种现实存在，这样只会让我们陷入无法自拔的矛盾之中。在某些时候，我们应该放下苛刻，别让自己被不真实的完美压垮。

一个人不能在自我怜悯中空虚地度日，最重要的是，我们不应该事事较真，而要学会珍惜眼前的幸福。智者说："追求完美是人类正常的渴求，同时，却也是人类最大的悲哀。"我们应该放下内心的苛刻，放弃追逐完美的诉求，最终拥抱简单的快乐。

有个学生在课堂上向老师提问道："请问老师，您是否知道您自己呢？"老师心想：是呀，我是否知道我自己呢？他回答说："嗯，我回去后一定要好好观察、思考、了解自己的个性，自己的心灵。"

老师回到家里就拿来了一面镜子，仔细观察着自己的外貌、表情，然后分析自己。首先，老师看到了自己闪亮的秃顶，想："嗯，不错，莎士比亚就有个闪亮的秃顶。"随后，他看到了自己的鹰钩鼻，心想："嗯，大侦探福尔摩斯就有一个漂亮的鹰钩鼻，他可是世界级的聪明人。"看到了自己的大长脸，就想："嗨！伟大的美国总统林肯就是一张大长脸。"看到了自己的小矮个子，就想："哈哈！拿破仑个子就矮小，我也是同样矮小。"看到了自己的一双大撇脚，心想："呀，卓别林就是一双大撇脚！"

于是，第二天他这样告诉学生："古今中外名人、伟人、聪明人的特点集于我一身，我是一个不同于一般的人，我将前途无量！"

或许，在别人看来，老师的长相并不出众，更算不上完美，但是，他很会欣赏自己。怀着这一份知足常乐的心态，他将自己身体的每个部分都与名人、伟人、智者扯上了关系，那么即使自己的五官不是完美的，但是自己一定也是一个前途无量的人。老师不再苛责，因此他收获了一份最简单的快乐。

一个失意的人找到了智者，他向智者诉说着自己的遭遇和无奈，哀叹道："为什么在我的生命里总是找不到绝对的完美呢？"智者沉思了许久，问道："可能是你自己对这个世界苛责太多，所以，烦恼才会找到你。"说完，智者舀起了一瓢水，问失意者："这水是什么形状？"失意者摇摇头："水哪有什么形状？"智者不语，只是将水倒入了杯中，失意者恍然大悟："我知道了，水的形状像杯子。"智者没有说话，又把杯子里的水倒入了旁边的花瓶，失意者恍然大悟："我知道了，水的形状像花瓶。"智者摇摇头，轻轻拿起了花瓶，把水倒入了盛满沙土的盆里，水一下子渗进了沙土，不见了。智者低头抓起了一把沙土,叹道:"看,水就这么消逝了,这也是人的一生。"失意者陷入了沉思,许久才说道:"我知道了,你是通过水来告诉我,社会处处像是一个个不规则的容器,人应该像水一样,盛进什么样的容器就成为什么形状的人。"

智者微笑着说:"是这样,也不是这样,许多人都忘记了一个词语,那就是滴水穿石。"失意者大悟:"我明白了,人可能被装于规则的容器,但也能像这小小的水滴,滴穿坚硬的石头,直至突破。我们要像水一样,能屈能伸,不能要求多么规则的容器,而是既要尽力适应环境,也要保持本色,活出自我。"智者点点头,说道:"当你不再较真,放下了心中的苛求,你会发现,任何事物都是完美的,自然,你也获得了久违的快乐。"

生活的快乐在于简单,生命的美丽在于真实,纵然有诸多缺憾,但是,它却是无法复制的、无与伦比的美丽。不必较真,不必苛求,没有必要去追求一些不真实的完美,因为美丽的事物总会伴随着一些缺憾。

追求完美,本身就是一种苛责的生活态度,为了达到心中完美的目的,人们苛责自己、苛责他人、苛责一切的事物。在现实生活中,所谓的"完美"终究伴随着缺憾,即使自己努力苛责,那些人和事依然达不到绝对的完美。在这个世界上,本来就没有绝对完美的事物,如果我们一味地将追求完美的茧一层一层地套在身上,最终,我们也会窒息在这重重的包裹之中。

心灵物语

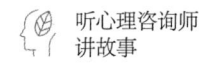

每个人的一生中总会经历不同的坎坷或挫折，没有一个人可以保证自己就是完美无瑕的。人生不完美才最完美。每个人的身上都不缺光芒，缺的是发现光芒的能力。与自己和解，在自己力所能及的范围内，以一颗平常心持续追求自我价值。

放下芥蒂，信任也是一种幸福

那些习惯猜忌、猜疑心很重的人，整天疑心重重、无中生有，认为每个人都不可信、不可交往。生活中，我们经常会看到一些因信任而上当受骗的例子，因此就连我们自己也不再愿意轻易地相信某个人了。不过，我们始终不能忘了，信任是我们生活中最不可少的一件事情，如果缺少了信任，我们的生活就失去了阳光，世间也会少了许多温暖。

当曹操刺杀董卓失败后，与陈宫一起逃至吕伯奢家里。由于曹吕两家是世交，吕伯奢见到曹操来了，就想杀一头猪款待他。但曹操一听到庄后有磨刀的声音，便怀疑人家要加害自己，一声"缚而杀之"，更让他深信不疑。于是，曹操不分青红皂白，不管男女，杀了吕伯奢一家大小。一直杀到厨房，发现被捆着等待挨刀的大肥猪，才知道自己错杀了好人。

尽管如此，曹操还是赶紧与陈宫急忙逃出庄外，正好路遇沽酒回来的吕伯奢，这时的曹操没有半点的愧疚之意，为了防止被追杀，他竟然对自己父亲的结义金兰举起了带血的屠刀。

此外，曹操还有一大心病，他唯恐别人会趁自己睡觉时加害自己，于是，常常吩咐左右："我梦中喜欢杀人，我睡着的时候你们不要靠近。"有一天，曹操在帐中睡觉，被子掉在了地上，一个侍卫过来帮曹操把被子盖好。曹操跳起来，拔剑杀了侍卫，又上床继续睡觉。醒来之后，曹操故意惊问道："是谁杀了侍卫？"左右据实报道，曹操痛哭，命令大家厚葬侍卫。其实，曹操是在有意识的状态下拔剑杀人的，但又唯恐因为猜忌，失天下人之心，所以欲盖弥彰。

曹操的疑心病伴随了他一生，在这个过程中，他自己也是痛苦不堪。他每天不断地猜忌，猜忌谁对自己不忠不敬，猜忌谁对自己有所企图，终日为猜忌所累，这才是疑心病给他带来的最大痛苦。

一个人假如掉进了猜忌的陷阱，那必定会处处较真，神经过敏，对他人失去信任，对自己也会心生疑窦。猜忌的人总是痛苦的，因为他不断在与自己较真。在这个过程中，他痛苦，甚至疯狂，那种纠结于内心的痛苦是旁人无法体会的。

一艘货轮在大西洋上行驶，突然，一个黑人小孩不慎掉进了波涛滚滚的海里。孩子大喊救命，无奈风大浪急，船上的人谁也听不见，他眼睁睁地看着货轮拖着浪花越走越远。求生的本能使得孩子在冰冷的海水里拼命挣扎，他用尽全身的力气挥动着瘦小的双臂，努力让自己的头伸出水面，睁大眼睛盯着轮船远去的方向。

船越走越远,船身越来越小,到最后,什么都看不见了,只剩下一望无际的海面。孩子的力气快用完了,实在游不动了,他觉得自己要沉下去了。"放弃吧!"他对自己说。这时,他想起了老船长那慈祥的脸和友善的眼神,"不,船长知道我掉进海里之后,肯定会来救我的。"想到这里,孩子鼓足勇气用生命的最后力量向前游去。

船长终于发现那个黑人孩子失踪了,当他断定那个孩子是掉进海里以后,立即下令返航回去找。这时有人劝道:"这么长时间了,就是没有被淹死,也让鲨鱼吃了。"船长犹豫了一下,还是决定回去找。终于,在那孩子就要沉下去的最后一刻,船长赶到了,救起了孩子。

当孩子苏醒了之后,跪在地上感谢船长的救命之恩时,船长扶起孩子问道:"孩子,你怎么能坚持这样长的时间呢?"孩子回答说:"我知道您会来救我的,一定会的!"船长好奇:"你怎么知道我一定会来救你?"孩子睁着天真无邪的眼睛,回答道:"因为我信任你,我知道你是那样的人。"听到这里,船长已经泪流满面:"孩子,不是我救了你,而是你救了我啊!我为我在那一刻的犹豫而羞耻。"

对每一个人而言,能够被一个人完全信任是一种幸福,可以毫无保留地信任一个人也是一种幸福。当然,大胆地相信他人不是一件容易的事情,信任一个人有时需要许多年的时间,有些人甚至终其一生也没有真正地信任过他人。

有时候,我们难以去信任别人,其实问题不在于别人,而在于我们自己。因为我们总是猜忌，总是猜疑别人对自己是不是有不好的企图，是不是要加害于自己。这样的想法多了，我们就难以对他人给予信任。有时候，对方明明是值得我们信任的人，但因为较真，我们经常会失去这份信任。

心灵物语

信任有时候仿佛是易碎的玻璃花，哪怕只是一句玩笑，都会对信任产生影响。有的信任是经过多年的接触才能建立起来的，同时，这样的信任也是经得起考验的，当我们心中有了一点猜忌的时候，为什么不能对他人多一些信任呢？

无欲无求，自在心安

名利，多么具有诱惑力的一个字眼，同时，这也是很多人立足社会、搏击人生的主动力。自古以来，名利是许多人一生的奋斗目标，多少人为了光宗耀祖而削尖了脑袋挤进官宦之途，多少人因为人生的不得志而郁郁寡欢。但是，在名利场上，春风得意、踌躇满志的人毕竟是少数，大多数人会为名利而苦恼，为那些自己得到不的名利而较真。其实，人生的道路本来很宽阔，如果我们把眼光尽放在名利上面，那只会让我们的道路越走越狭窄。只有我们敢于抛下名利，才能活出真的自在。

曾国藩说："为官应当只问耕耘，不问收获。"其中的淡然之心，可以说是令人敬佩。而正是这样将名利抛下的心理，让他最终得以保身。曾国藩是一个清醒的人，他认为："乱世之名，以少取为贵。"人生在乱世，世态发展皆在混乱之中，何谓富，何谓福，这都是难以说清楚的，所以人生还是少取为妙。他不仅懂得自己摆正心态，而且还严格约束家人，教训儿孙妻女常常作家中无官之想。

在功成名就之后，同治六年五月，曾国藩在家书中劝告欧阳夫人说："居官不过是偶然之事，居家乃是长久之计。能从勤俭耕读上做好规模，虽一旦罢官，尚不失为兴旺气象。若贪图衙门之热闹，不立家乡之基业，则罢官之后，便觉气象萧索。凡盛必有衰，不可不预为之计。望夫人教训儿孙妻女，常常作家中无官之想，时时有谦恭省俭之意，则福泽悠久。"

冰心老人曾告诉我们："人到无求，心自安宁。"在冰心老人家一辈子的经历中，我们不难看出，清心寡欲，淡泊宁静，看淡功名利禄，正是她精神健康的奥秘。在半个多世纪以来，冰心将杂念全部抛到脑后，一心扑在为孩子们的写作上，而孩子们也带给她无限的安慰和喜悦。或许，正因为她心静如水，永远保持着童心，才使得自己在古稀之年也耳聪目明，思维敏捷。淡泊以明志，宁静以致远，才会活得洒脱自在。

庄子曾面临着这样的选择：前面是清波粼粼的濮水以及水中从容不迫的游鱼，背后则是楚国的官位——两者巨大的差距使这道选择题看起来十分容易。大概楚威王也知道庄子的脾气,所以用了一个"累"字,只问庄子要不要这种"累"。

濮水的清波吸引了庄子,他无暇回头看身后的权势。他在不经意间就推掉了在俗人看来千载难逢的发达机遇,似乎把这看成了无聊的打扰。他只问了两位衣着锦绣的大夫一个似乎毫不相关的问题:"我听说楚国有一只神龟,死的时候已经有三千岁了,楚王用锦缎将它包好放在竹匣中,珍藏在宗庙的堂上。那这只神龟是愿意用死来换取'留骨而贵'呢,还是愿意拖着尾巴在泥水里自由自在地活着呢?"两位大夫回答说:"宁愿拖着尾巴在泥水中活着。"庄子曰:"往矣!吾将曳尾于涂中。"

这个故事反映了庄子的真实内心,庄子对于抛弃名利的坚持,让我们知道人可以达到这样的境界。实际上,一代代"学而优则仕"的读书人,在赢得世俗的成功的同时,也有一种受名利驱使的无奈感。

假如一个人具备淡泊名利的人生态度,那面对生活,他就会比常人更容易找到乐观的一面。他所看到的就是生活中的美好,而不再对那些可望而不可即的空中楼阁感兴趣。在纷繁的世界中,不去计较名利,只是在自己的心田,构筑一片宁静的田园,你自然会体验到简单的快乐。

心灵物语

陶渊明伴着翩翩起舞的蝴蝶,在东篱之下悠然采菊。面对南山,陶渊明选择忘记,遗忘那些官场中的丑恶与仕途的不达,安逸自在,与世无争,为自己寻到了一方心灵的净土。超脱于名利之外,活得一身轻松。

执着与固执,仅一字之差

在很多时候,过分执着并不是一个好品质。它就像是一个魔咒,一点点地禁锢着我们的自己,似乎我们不朝着之前的方向继续下去就对不起自己。执着本身是一种可贵的品质,但凡事都有一定的限度,"执着"也是一样,适当的执着会体现出我们个人的魅力,同时也可以让问题变得更简单一点。但过于执着则会不自觉地将自己的身心束缚,我们总是放不下,总是不愿意放弃,只是固执地朝着一个方向前进,无论前面是康庄大道,还是死胡同。要知道这样的坚持是无用的,如果我们最终闯入的不过是死胡同,那这样执着的后果是可悲的。

虽然,对生活执着,是一种坚定的信念;对工作执着,是一种精神寄托;对爱情执着,是一种人生的美丽。但若是本该放弃时不放手,就会使自己不堪重负,活得很累,甚至有可能走向另外一种悲惨的结局,同时也让自己身心疲惫。

生活中,有的人活得像小河里的溪水,虽然平静无波,却有顽强的生命力和战斗力,它不仅能够经受暴风骤雨的侵害,也可以坦然面对夏日骄阳的炙烤,它从来不在乎世界会有多少变化。一个人活着也是一样,人要有信念,但不能过分执着,不能与生命较真。所以不妨学会顺其自然，对生命中的意外和阻挠不必过于强求，也许，这样自己的人生才会更加豁达自在。

王大爷年轻时是村里的干部，后来因为突发情况被迫离职了。离职的时候，他已经快50岁了，在那一瞬间，他觉得生活好像没有了希望。他一直不肯承认自己竟然变成了跟隔壁大婶一样的普通百姓，甚至觉得自己还是村党支部书记。当然，他将这种执着的心态放在心里，他经常去找上级领导说话，说自己的苦闷，说自己的无所事事，说自己的孩子上学没学费，希望领导能给自己解决。领导无奈："你现在已经离职了，不是干部了，这些事情你自己能解决的就自己解决，自己不能解决的，就找你们村里的干部。"王大爷固执地说："我不相信他们，我只相信我自己当干部的能力。"王大爷每次都去乡政府闹，刚开始大家还看在他是老干部的份上跟他聊聊，但时间长了，大家都清楚了他的脾性，晓得他很执着，就能躲就躲，能避就避。

在平时生活中，王大爷总是对自己被迫离职的事情耿耿于怀，十分较真，他在家里动不动就说："如果我现在还是村里的干部，那村里现在肯定不是这样子。"家里人都开始厌烦他的唠叨了，老伴没好气地说："你在执着什么？你现在已经是平民百姓了，就应该是百姓的样子，有什么放不下的，有什么解不开的心结？简直是自己折磨自己。"其实，王大爷确实陷入了一个怪圈，他越是执着于自己被迫离职的事情，就越是痛苦，想想之前的日子，想想现在平凡的自己，越想越不是滋

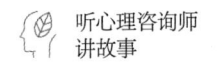

味,整日无所事事,搞得自己身心疲惫。

王大爷所放不下的是内心的执着,而不是其他,因此他总是觉得过得很痛苦。如果他真的放下了内心过分的执着,以正常的心态回归到一个平民的身份,他会觉得生活依然充满着阳光。有些事情既然已经发生了,毫无回旋的余地了,那我们就要学会接受,而不是太过于执着。过分执着只会让自己更加疲惫,不如放松身心,给自己一个舒适的心灵环境。

人生需要有信念,这样我们的生命才有前进的方向。但是,只有信念与自己合拍的时候,才能更好地发挥出引航员的作用。对此,在人生的路途中,我们要适时修葺自己的信念,让它与自己合拍,对于某些不切实际的想法,我们不应太较真,太执着,而是学会放弃,适时找到自己的人生信念,这样我们的生命才会更加绚丽灿烂。

如果我们希望与别人合作,并且自己已经明确地表达了意图,但对方却毫无回应,在这样的情况下,与其继续留下来攻坚,把时间花在啃掉这块硬骨头上,不如转身离去,把精力用来寻找新的目标。每个人做事都有自己的理由,放弃攻坚是对别人的尊重,这是一种明智的选择。与其把80%的精力耗在20%的希望上,不如以20%的精力去寻找新的目标,说不定还有80%的希望。

心灵物语

人的一生就好像花开花落,周而复始,没有什么花是永远不凋谢的。对待上天的安排，我们应该顺其自然，千万不能太过于执着，太较真是一种疼痛，一种心魔，它不断侵蚀我们内心简单的快乐，最后，只能让我们身心疲惫地倒下。

第 09 章

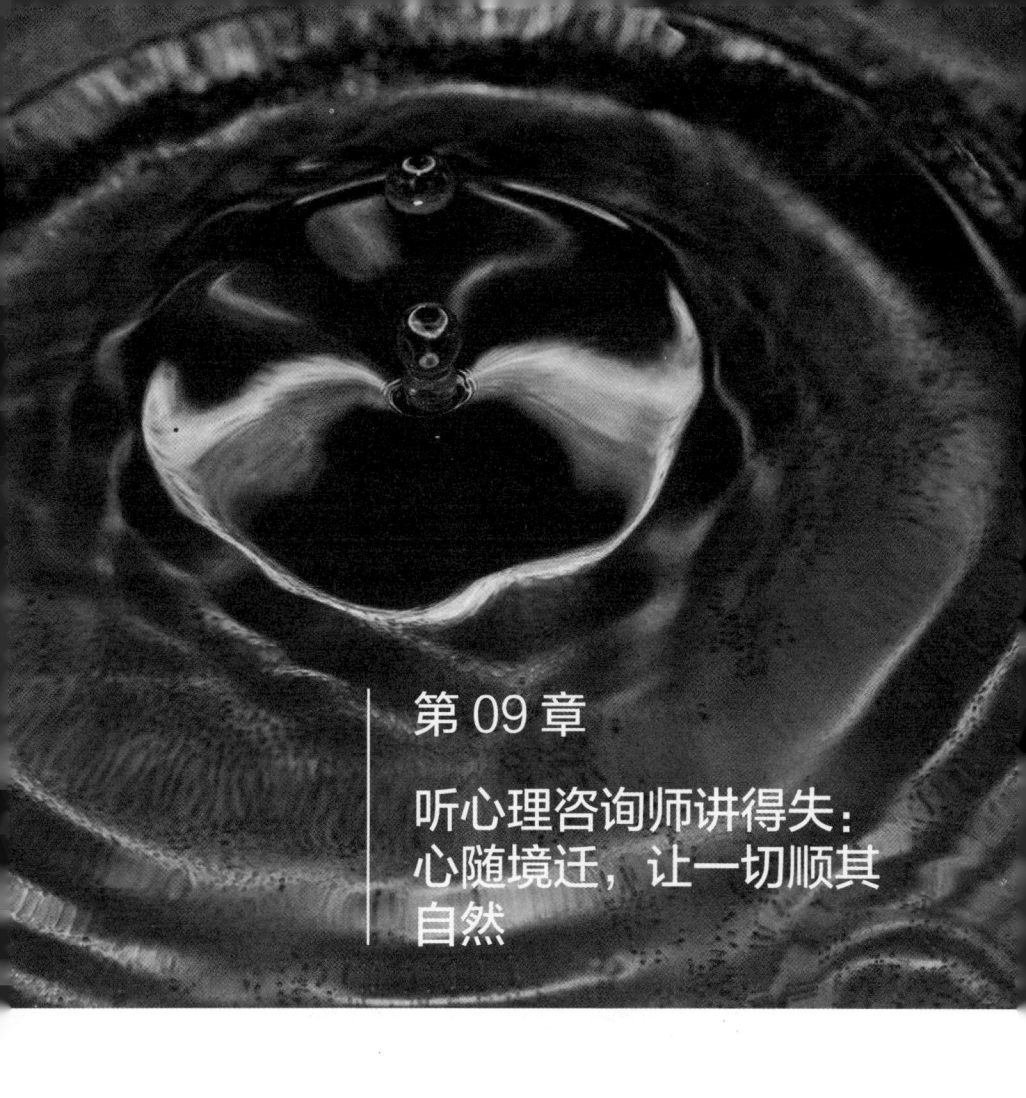

听心理咨询师讲得失：心随境迁，让一切顺其自然

世上之事，大抵如此。有缘而来，无缘而去。该来的自然会来，不该来的盼也无用，强求也无果。一切随缘，顺其自然，人世间的事情终归不能完全如意。我们所能做的就是，努力无悔，尽心无憾。

成熟的第一步，就是接纳世俗

说到"世俗"，就连目不识丁的人顷刻间也能心领神会。可"世俗"到底是什么？举个很简单的例子，如果你想问题、做事情以及处理大大小小的事宜，都按照与别人一样的想法时，你就世俗了。虽然，对待世俗，每个人都有选择的权利。任何一个人都可以选择世俗，也可以选择超凡脱俗。但是，人们在谈到它的时候，难免会皱眉，这个词儿毕竟是贬义大于褒义。对于社会中的一分子，如何对待世俗，才能使得身心轻松呢？

对世俗，我们应该了解，应该接受。我们应该明白，哪些是世俗的，并且接纳它们。我们需要了解世俗、接受世俗，不过，这并不代表逢迎世俗。简单地说，我们可以很好地融入世俗的社会，但是，自己却不要成为一个世俗的人，所谓"出淤泥而不染"，道的就是如此。

陶渊明曾写了这样一首诗："少无适俗韵，性本爱丘山。误落尘网中，一去三十年。羁鸟恋旧林，池鱼思故渊。开荒南野际，守拙归园田。方宅十余亩，草屋八九间。榆柳荫后檐，桃李罗堂前。暧暧远人村，依依墟里烟。狗吠深巷中，鸡鸣桑树颠。户庭无尘杂，虚室有余闲。久在樊笼里，复得返自然。"

在封建社会，多少人为了求得一官半职而苦读十载，但陶渊明却竟然不愿意为五斗米折腰而愤怒辞官归隐。他两袖清风，一气之下愤然绝迹官场，如此的高风亮节确实让人拍案叫绝。

官场黑暗，陶渊明愿意与世俗绝缘，愤然辞官归隐。当然，做出这样超凡脱俗的举动是不为世人所理解的，代价也是很大的。不过，对于他的胆识和傲骨，我们还是由衷地佩服。现代社会的我们，早已经成为社会中的一分子，夹杂在各种各样的关系中，我们不能脱离社会而独立存在。或许，我们做不到无缘世俗，但却可以做到"不逢迎世俗"。

有人说演员陈道明的魅力在于眼神，那是一种锐利而内涵丰富的眼神，即使在低头的时候，也隐隐带着黑夜的气息；而抬头的时候，目光明澈，像冰冷的阳光。

大多数明星喜欢活在鲜花与掌声中，但陈道明却不一样，低调的华丽显现他超凡脱俗的气质。许多明星硬是编也要为自己编一个绯闻的故事，但他却远远躲着绯闻。对于世俗，他从来不逢迎，问到他最喜欢的事情，他只是这样回答："我最喜欢的事？就是搬一凳子，往那儿一坐，看天发呆。"

有人说，陈道明是活在夹缝中的人。在他那精湛而淳朴的生活艺术中，感性与理性并存，清高与亲切并存，冷漠与多情并存，超脱与世俗并存。听说，陈道明平时就爱干四件事：读书、上网、弹琴、打球。不过，在网上一个关于他的资料库里，还赫然写着：麻将。看来，对于世俗的东西，他还是接受的。

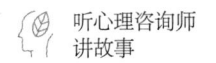

张爱玲曾在《天才梦》中说："……直到现在，我仍然爱看《聊斋志异》与俗气的巴黎时装报告……"似乎，她这个女人确实俗透了，但是仔细一揣摩，发现她的世俗却又是别具一格的。

而在历史上，还有许多世俗到了极点的人，正因为他们将世俗坚持到底，反而走向了另外一个极端，慢慢地，从世俗走向了卑鄙、无耻、市侩。

心灵物语

生活中，没有一个人能真正地做到超凡脱俗，我们都不过是一介凡夫俗子，又怎会脱离世俗而存在呢？对世俗，我们要多了解，主动接纳它，但是，对于世俗的人和事，不要曲意奉承，而是努力做好自己。

凡事笑一笑，别为小事烦恼

生活中，有许多这样的人，他们往往能勇敢地面对生活中的艰难险阻，却被小事情搞得灰头土脸，垂头丧气。其实，生活在这个世界，我们每天所遭遇的琐碎小事可以说是不胜枚举。如果我们总是较真，总是为那些小事烦恼，那我们将总是郁郁寡欢。一个人太过较真，就犹如握得僵紧的拳头，失去了放松时的自在和超脱。生命就是一种缘，是一种必然与偶然互为表里的机缘,有时候命运偏偏喜欢与人作对,你越是较真去追逐一种东西,它越是设法不让你如愿以偿。

那些习惯于较真的人往往不能自拔,仿佛脑子里缠了一团毛线,越想越乱,他们陷在了自己挖的陷阱里;而那些不较真的人则明白知足常乐的道理,他们会顺其自然,而不会为眼前的事情所烦恼。在山坡上有棵大树,岁月不曾使它枯萎,闪电不曾将它击倒,狂风暴雨不曾把它动摇,但最后却被一群小甲虫的持续咬噬给毁掉了。这就好像在生活中,人们不曾被大石头绊倒,却因小石头而摔了一跤。

在战争后,一位名叫罗伯特·摩尔的美国人在他的回忆录里写下了这样一件事:

那是1945年3月的一天,我和我的战友在太平洋里的潜水艇里执行任务。忽然,我们从雷达上发现一支日军舰队正朝着我们开来。几分钟后,6枚深水炸弹在我们潜水艇的四周炸开,把我们逼到海底280英尺(1英尺=0.3048米)的地方。尽管如此,疯狂的日军仍不肯罢休,他们不停地投下深水炸弹,整整持续了15小时,在这个过程中,有十几枚炸弹就在离我们几十英尺左右的地方爆炸。倘若炸弹再近一点的话,我们的潜艇一定会炸出一个洞来,那我们也就永远葬身太平洋了。

当时,我和所有的战友一样,静躺在自己的床上,试图保持镇定。我甚至吓得不知如何呼吸了,脑子里仿佛蹿出一个魔鬼,它不停地对我说:这下死定了,这下死定了。因为关闭了制冷系统,潜水艇内的温度达到40多摄氏度,可是我却害怕得全身发冷，一阵阵冒虚汗。15小时之后，攻击停止了，那艘布雷舰在用光了所有的炸弹后开走了。

我感觉这15小时好像有15年那么漫长，在那15小时里，我过去的生活一一浮现在我眼前，那些曾经让我烦恼的事情更是清晰地浮现在我的脑海中——爸爸把那个不错的闹钟给了哥哥而没给我，我因此几天不跟爸爸说话；结婚后，我没钱买汽车，没钱给妻子买好衣服，我们经常为了一点芝麻小事而吵架……

但是，这些当时很令人发愁的事情，在深水炸弹威胁我的生命时，都显得那么荒谬和渺小。当时，我就对自己发誓，如果我还有机会重见天日的话，我将永远不再计较那些眼前的小事了。

做人要潇洒点，不要总是为眼前的小事而烦恼，如此浅显易懂的道理，我们却始终不能明白。有些事情在我们经历时总也想不通，直到生命快到尽头时才恍然大悟。

可能，生活中的我们总为眼前的事情而发愁，可能是没钱买房子，可能是没钱买车，也可能是没钱给自己和亲人买好看的衣服，但这些事情总会成为过去。正如"面包会有的，牛奶会有的"，一切总会好起来的，有这样良好的心态，何必还与自己较真呢？

心灵物语

在这短暂的人生中，记住不要浪费时间去为眼前的事情而烦恼，虽然我们无法选择自己的出身，无法选择自己的机会，但我们可以选择一种良好的心态看待问题。凡事看得开，看得透，看得远，我们就能赢得一份好的心情。

输赢淡然，只是人生的插曲

在兵法中，有这样一句话："胜败乃兵家常事。"简单的一句话，却蕴含一个大道理：尽量将输赢丢开，胜败皆是常事。其实，在生活中何尝不是这样呢？当我们遭遇失败的时候，需要告诉自己："将输赢丢开。"不要在乎自己到底是输了还是赢了，你越是计较，心情就越是糟糕。确实，生活中从来没有输赢，我们需要保持的是淡定的心态。对我们每个人来说，生活是风云变幻的，那些意想不到的事情总会在我们不经意的时候发生，既然输赢的结果已经出现了，那我们所需要做的就是保持一颗平常心，不计较输赢。

面对失败，我们不能因一时的挫折而丧失斗志，一蹶不振，更不能因为一次输赢而患得患失，失去了面对失败所需要的平和心态。有时候，人生就是一场又一场的赌博，输赢并不是自己所能决定的，我们所能做好的就是填满中间空白的过程，如果我们没办法决定是输还是赢，那就选择平和的心态。

大学毕业后，他放弃了父母托关系为他找的铁饭碗工作，只身带着单薄的行李南下，来到了车水马龙的沿海地区。虽然每天做很简单、枯燥的工作，但他能从中得到自己的快乐，而且他好学，遇到什么不懂的问题都会向同事请教。时间长了，老板欣赏他的踏实与认真，晋升他为秘书。之后，不断地升职，这时候，他已经在企业小有名气，但他毅然放弃了高薪职位，拿着多年的积蓄，开了一家小公司。在他的努力经营下，小公司一天天成长，他成了远近闻名的大老板。

在那年的金融海啸中，他的公司不幸也遭遇了很大的冲击。得知消息的时候，他还在家里，父母担心地看着他。他反而很平静，安慰父母道："没事，当年我也是一无所有，现在不过是时间问题而已。"他回到了公司，有条不紊地处理事宜，员工看着平静的他，本来慌张的情绪也放下来了。公司该接的任务还是照接不误，好像什么都没变，最后公司一步步走上了正轨。

以平和的心境接受失败，不计较输赢，因为胜败乃是常事，然后对于失败之后的残局，有条不紊，泰然处之。在上面这个案例中，我们所能够学到的是平和的心境，那种临危不惧的心态。在生活中，我们会遇到这样或那样的事情，可能会计较，不承认自己输了，或紧张、慌乱、无措，但只要保持良好的心态，淡定从容，事情看起来就没那么糟糕。所谓"船到桥头自然直"，在平和的心境下，变不利为有利，一切困境都会过去。

胡雪岩刚开始做丝绸生意的时候，就面临了一次失败。当时，胆大的胡雪岩买下了湖州所有的蚕丝，打算自己来控制价格，以此打击洋商。没想到，生意最后是做好了，可前前后后算起来，最后却倒赔了一万多两银子，再加上之前欠下的旧债，差不多有十几万两。面对如此的打击，胡雪岩依然镇定自若，该拿给朋友的分红，他一分不留，整个人身上看不到一点儿"输"的痕迹，因为他知道，只要自己内心不败，总有一天会成功。

后来，上海挤兑风潮来临，胡雪岩又一次站在输赢的转角。当时，上海阜康钱庄的挤兑风潮已经波及杭州，胡雪岩正全力调动、苦撑场面，想方设法保住阜康钱庄的信誉，试图重振雄风。可是，在这关键时刻，可谓是"屋漏偏遭连阴雨"，宁波通裕、通泉两家钱庄同时关门。原来，这通裕、通泉两家钱庄是阜康钱庄在宁波的两家联号，胡雪岩意识到这次自己真的要输了。朋友德馨打算出面帮忙，并愿意垫付二十万两银子维持那两家钱庄，胡雪岩很感动，却婉拒了这一好意，他觉得自己已经不能挽回败局，也不想拖累朋友。于是，胡雪岩决定放弃通裕、通泉两家钱庄，全力保住阜康钱庄。

面对危机，胡雪岩能够输得起，经过一番考虑之后，他总结出了一个道理：人生做事，必然会有输有赢，胜败乃是兵家常事，关键是心里不能输。既然选择了做生意这样有风险的事业，就要"赢得起，更要输得起"。

胡雪岩说："我是一双空手起来的，到头来仍旧一双空手，不输啥！不但不输，吃过、用过、阔过，都是赚头。只要我不死，你看我照样一双空手再翻过来。"因为那份坦然的

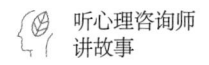

心境，胡雪岩虽然输了，但输得漂亮，实在令人佩服。在生活中，输与赢不过是不同的结果而已，任何一个人，既要有赢的渴求，同时，也要有输的心理准备。

心灵物语

输赢乃常事，我们所能做的就是始终保持一种平和的心态，因为生活本就没有输赢；即使输了，也不要输了斗志，不要输了志气。如果你总是计较生活中的输赢，那估计你常常会成为输家，而非赢家。

不拘泥于绝对的公平

比尔·盖茨说："社会是不公平的，我们要试着接受它。"在这个世界没有绝对的公平，所有的公平都是相对的，都是有条件的。一个人从呱呱坠地，就有很多的不公平，有可能是出生背景不同、家庭关系不同、受教育程度不同。面对这样的情况，如果我们处处较真，抱怨上天对我们的不公平，那只会让自己陷入一个痛苦的怪圈。而最让我们感到心里不平衡的，是以前跟我们在一个水平线上的人，今天突然变得不一样了，一起工作他却升职加薪了，一起做生意他却发财了。别人做事情总是处处顺利，而自己则是处处碰壁。每天我们为了生存，不得不努力地拼搏着，以争取属于自己的那片天地。但在很多时候，我们努力了，却没有得到期望的结果。这时不要较真，不要哭泣，也不要怨天尤人，我们需要平静地面对这个世界，因为在这个世界没有绝对的公平，我们只求心灵平衡。

一个人活着，他就注定了有机遇、有坎坷、有欢乐、有痛苦，即便我们付出了所有的精力和心血，也不会换来绝对公平的待遇。在生活中，有的东西既然别人得到了，我们就不要再去争，这样只会徒劳无益；假如自己得到了，那就好好珍惜，别人也不会轻易就能剥夺你的所有。在这个世界上，从来都是一分耕耘，一分收获，有所失才会有所获得，只有有了对生活、对工作的付出，才有可能得到期望的回报。

在生活中，有的人比较幸运，他可以利用身边可以利用的一切资源，很快地过上了令人羡慕的生活，而像自己这样资源有限的人，需要认清生活中存在的不公平，把自己的劣势变成自己努力奋斗的动力，发挥自己的长处，寻找机会，坚持自己想干的事情，这样才可以扭转我们所认为的不公平。

有这样两个渔人，一起出去捕鱼。

他们来到河边，两人捕了很多的鱼。在分鱼的时候，两人发生了争执，都说自己分少了，对方分多了。没有办法，他们决定在河边挖一个水坑，暂时把鱼放在里面，回家去拿秤来重新分配。可是等他们回来的时候，水坑里的鱼却早已经从里面跳出来，游进了河里。他们感到十分懊恼，互相埋怨对方。

在这时，他们听见了野鸭的叫声，决定去捕野鸭。正当他们接近野鸭准备射击的时候，其中一个人说："先别忙，咱们先说好野鸭怎么分配,免得又让野鸭跑了。"于是,两人为分配的事情又争吵了起来,他们争吵的声音惊动了野鸭,野鸭马上就飞走了,可两人仍在那里争吵不休。

在生活中,我们也经常会遇到这样的事情,本来彼此之间合作得很好,但双方都在计较公平分配,结果,已经到手的利益成为"竹篮打水一场空",谁也没拿到好处。经常会有这样一些人,当事情还没办成的时候,就因为计较彼此之间的公平而在分配上争吵,而争吵的结果就是所办的事情不了了之。其实,在许多小事情上,我们绝不能拘泥于绝对的公平,因为绝对的公平是不存在的。重要的是,我们要善于从长远利益出发,所谓"小不忍则乱大谋",切忌处处较真,斤斤计较。

在生活与工作中,经常可以听到有人这样发泄:"这简直太不公平了!"这是一种经常可以听见的抱怨,当我们感到某件事不公平的时候,必然会把自己同另外一个人或另外一群人进行比较,我们会想:他比我得到的多,这就很不公平。你越是这样想,就越觉得自己受到了不公平的待遇,我们应该明白,这些不公平现象的存在是必然的,当我们无法改变这一切的时候,我们可以努力改变自己,不让自己陷入一种惰性,并用自己的智慧去努力争取更好的生活。

心灵物语

凡事我们都无悔地付出,至于结果怎么样,不要太在意,我们只求自己心灵的平衡。付出过,努力过,拼搏过,那就无怨无悔。对于生活中的许多事情，不要太去计较不公平的待遇，只求得内心的安慰就可以了，这样我们才无愧于心。

走好自己的人生路，不必活在他人的眼光中

卡耐基说："你见过一匹马闷闷不乐吗？见过一只鸟儿忧郁不堪吗？马和鸟儿之所以不会郁闷，是因为它们没那么在乎别的马、别的鸟儿的看法。"在生活中，许多人由于太在意别人的目光而失去了自我，这简直是得不偿失。当然，我们属于社会中的一分子，生活在各种各样的关系中，完全不在意别人的目光是不可能的。事实上，我们对自己的评价，很多时候是借助别人对我们的看法而作出的。

在很多时候，我们会特别羡慕那种所谓的"好人缘"，似乎每个人都能与他聊到一块去，他说的每一句话，所做的每一件事，都以大家的目光为标准。在公司，上司说这个方案不行，他一句话不说，马上改成了上司喜欢的方案；挑剔的同事说他今天的打扮好像不太和谐，第二天，他就真的换了一套符合同事眼光的服饰；在家里，爸妈说，他新交的女朋友没有固定的工作，他就真的决定与女友分手，重新找了一个能让父母觉得满意的女朋友。在这个过程我们会发现，自己不过是因为太在意别人的目光而讨好身边的人而已，我们已经逐渐失去了自我。

小燕是一名歌手，以前她会经常抱怨。每次上节目，她都会抱怨："我太辛苦，实在受不了压力太大的生活，有时候，太在意别人的目光，我需要讨好歌迷、媒体，我每年发行2张专辑，但是，自己又想把工作做得更好，这样的工作量简直令我崩溃。"以前的工作时间安排得很紧，白天上通告做宣传，晚上还要去录音棚完成下一张专辑的录制。这样的生活超出了小燕可以承受的范围，每天她都感觉到很累，但是心中的怨气却无处诉说。最后，在内心快要崩溃的时候，她选择了退出歌坛。

在4年的休息时间里，小燕做自己喜欢的事情，她说："以前大家都是看我怎么变化，而我因为这样会很在意大家的看法。现在我是用自己的脚步来看大家的改变。虽然，现在我年纪大了，似乎变得老了一些，但是，年龄并不是我能掩盖的东西，我也想永远年轻，但我懂得这就是时间给我的礼物。在我成长的过程中，我得到的最大一份礼物是不用费力去想大家是怎么看我的，而只需要做自己喜欢的事情，跟着自己的步伐，在以后的时间里，如果我能完全坚持自己的选择，那就是最好的生活。"

最近，小燕复出了，在工作上，她已经与唱片公司达成了一致的意见，不需要拿任何事情炒作新闻，同时，不需要为了赢得名气而故意报唱片的数字，自己可以自由自在地唱歌，这恰恰是小燕最喜欢的一种状态。

小燕告诉所有的媒体："我不需要讨好所有的人，我不需要在意别人的目光,我只需要做自己喜欢的事情。"然而,就是这样一句话,令所有的媒体工作者既羡慕又嫉妒,因为,对于媒体工作者来说,他们的工作无时无刻不在意别人的目光。

每天,都有许多人为了人际交往,为在意别人的看法而活,他们在这样的过程中感到很累,甚至,感觉到心力透支。在生活中,不管是一个什么样的人,不管这个人做不做事,是少做事还是多做事,做的是什么事,他都会招来别人的看法和评价。而对于那些目光和议论,有的人会把它作为自己行动的标准,他们很在意别人是怎么看待自己的。结果所导致的情况是,他们在做事情时畏首畏尾,把自己搞得很紧张,好像自己在为别人而活似的。其实,根本没有必要这样,因为我们不是演员,我们的目的就是要做好自己的事情,又何必那么在意别人的目光呢?

心灵物语

对于别人的目光,我们可以参考,但并不能过分地注重,否则就会感觉到自己活得很累。你总是在想别人是怎么看待自己的,你总是经过别人的目光来修正自己,到最后,你会完全失去自我,从而变成一个别人目光中的自己,更为严重的是,你将变得闷闷不乐、忧虑不堪,完全失去了心灵应有的轻松与快乐。

第 10 章

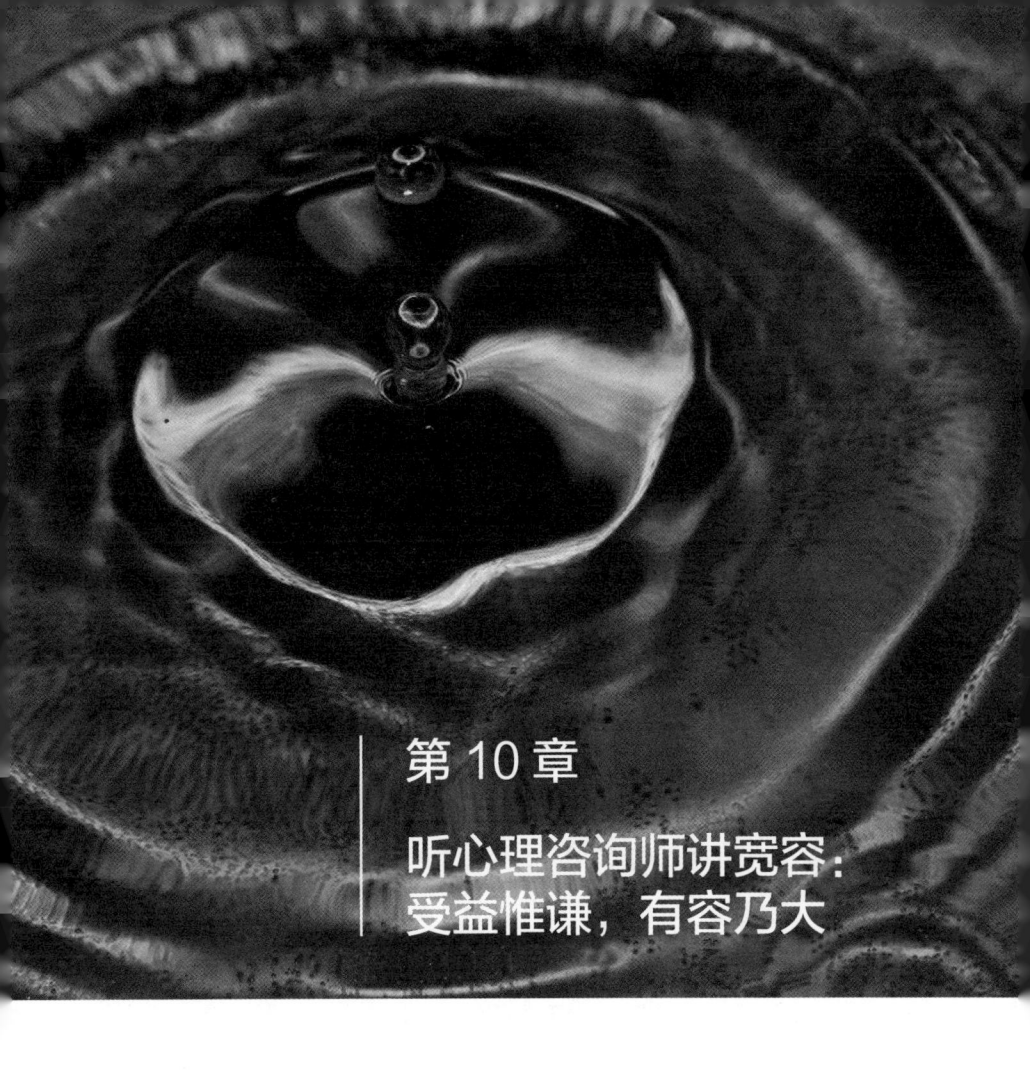

听心理咨询师讲宽容：
受益惟谦，有容乃大

心宽似海，一切皆容。其实，你容不下别人，就等于让别人容不下你自己。这个世界本来没有界限，心灵无所不能容纳，正所谓"空心纳万物"。谦卑、忍耐，会让你在容纳的境界里赢得人生。

忍辱负重,让一切顺其自然

多思者善。哪怕吃点儿小亏,但能免去祸端,终会苦尽甘来。一个人如果不通过不断的磨砺来提升自己、完善自己,就会让自己的私欲、情欲膨胀,自己的意志也变得软弱。一个人若是想要成就一番事业,那就必须要不断地磨砺自己,除此之外,别无他法。

忍耐,有时候是对目标的一种执着,更是对成功和胜利的一种执着。当然,一个人要想成功,首先就得明确目标,有了目标,才有前进的方向,才不至于在前进途中迷失了方向。明确了目标之后,还需要朝着这个方向不断地努力,不管追寻路途中有什么样的困难和挫折在等着我们,我们都需要学会忍耐,因为忍耐是一种对胜利的执着。生活中,人们听到"逆境""挫折"这样的词儿总是紧皱眉头,郁郁寡欢。在他们看来,逆境意味着绝路,或许,自己再也没有翻身的那一天了。但往往事情并不是这样,多少成大事者是从逆境风雨中走了过来,从而获得了巨大的成功。

明朝正德年间,宁王朱宸濠的反叛之心可谓"司马昭之心,路人皆知"。其实,早在朱宸濠四处结交官员、招兵买马的时候就有许多大臣上奏朝廷,只是当时的正德皇帝并没有将这件事放在心上。

当朱宸濠决定反叛的时候,正值王阳明和同乡好友孙燧一同在江西任职,他们也早就听闻宁王即将采取反叛行动,那他必然会拿近处的自己开刀。但是,天高皇帝远,如果此时上奏朝廷奉旨平叛肯定来不及,而且由于兵权不在手,以己之力平乱无疑是以卵击石。王阳明建议一起离开江西,从长计议,不过好友孙燧毅然决定留守江西。无奈之下,王阳明只好独自离开,再想办法。

果然,没几日,朱宸濠就找了理由将孙燧杀掉了。王阳明听此消息义愤填膺,恨不得马上回去为好友报仇,不过他最终还是忍下来,他知道自己回去也只有死路一条,只有暂且忍耐,等待时机,定将宁王拿下。

果不其然,后来,王阳明率兵平叛,一举擒获宁王朱宸濠。

忍辱负重是一种勇气,是一种百炼成钢的勇气,而不是逞一时之快的勇气,这样的勇气并不是逞匹夫之勇,而是一种甘愿忍受屈辱的勇气。在生活中,许多人有逞英雄的勇气,但很少有人能有忍辱负重的勇气,相比较而言,后者所需要的勇气比前者更多。

而缺少这种勇气的人,是难以忍受屈辱的,他们不是在屈辱中低下头,就是在屈辱中仰起头,等待着灭亡。而真正的忍耐,是将自己的头低进尘埃里,然后等着尘埃里开出花来,那是一种何等的勇气?

曾国藩刚开始办团练的时候,其中除了大量的湘军将士,还有不少的绿营兵，这使得曾国藩面临着更多的问题。而且在操练中，曾国藩始终坚守着"吃得苦中苦"的宗旨，对将士们要求十分严格，风雨烈日，操练不休。虽然这对于来自田间的湘军来说，并不觉得太苦。但是，对于那些平日里只会喝酒、赌钱、抽鸦片的绿营兵来说，却像是"酷刑"，对此，绿营上上下下怨声载道。副将不到场操练，根本不把曾国藩放在眼里，甚至，对底下的士兵宣称："大热天还要出来操练，这不是存心跟我们过不去吗？"曾国藩一方面忧心军队的操练，另一方面还要应付绿营军的捣乱，日子过得十分辛苦。

当时，在长沙城内驻扎着绿营兵和湘军，绿营军战斗力极差，受到了湘军的轻视，对此，绿营兵十分愤怒，经常与湘军发生摩擦。双方水火不容，开始由一些小争执变为战斗。而且，绿营军是朝廷的正规军队，深得清朝庇护，曾国藩所操练的湘军不过是乡间勇士，无人庇护。于是，曾国藩只能严格要求自己的军队，不得与绿营军发生冲突。即使曾国藩一再忍受绿营军的欺辱之苦，但仍改变不了现状，绿营军更加横行霸道，湘军进出城门都会受到公然侮辱。朋友看见曾国藩如此辛苦，劝他参奏绿营军，不料，他却推托："做臣子的，不能为国家平乱，反以琐碎小事，使君父烦心，实在惭愧得很。"过了一阵子，曾国藩就将湘军遣往外县，将自己的司令部也移到了衡州。

其实，曾国藩在组建湘军之际，确实是吃了不少苦头，本身，组建军队就面临着很多苦难，而同时还遭受绿营军的挑衅，那确实是一段异常辛苦的日子。当时，咸丰帝下令曾国藩办团练，由于朝廷战事吃紧，也没办法给军队发军饷，曾国藩作为军队的创办者必须解决军队的军饷问题。然而，这一切困难的问题，曾国藩都以坚韧的意志忍了过来，他明白"只有吃得苦中苦，方才能为人上人"。

试想，如果当初曾国藩忍受不了绿营军的挑衅，在朝廷不提供军饷的情况下，就停止操练，那哪里还有后来轰动一时的湘军呢？在绿营军面前看似委曲求全、百般忍让，其实都在曾国藩掌控之中，唯有这样，才能建立起一支独立而极具力量的湘军。

心灵物语

正所谓"小不忍则乱大谋"，在变幻莫测的社会中，难免会磕磕绊绊，尤其是深似海的职场中，斗争、受辱更是在所难免。所以，有时候，当我们置身于受辱的环境中，要懂得忍耐，鼓足勇气忍下去，这样才能取得最后的胜利。

鲜艳的玫瑰，带刺也要用心灌溉

阿拉伯有一句谚语："为了玫瑰，也要给刺浇水。"意思是，如果你不能忍受那些扎在心头的芒刺，不能将那些芒刺化成自己前进的动力，那又如何为自己博得一座可以悠游一辈子的心灵花园呢？所有的忍耐都有一个既定目标，而并非甘于现状，如果你只是甘于平庸而选择忍耐，那这样的忍耐是没有任何效果的，这样的忍耐是一种愚蠢，一种懦弱。

生活中，做任何事情都需要忍耐，因为忍耐，不仅仅是一种智慧，一种能力，一门学问，更是一种难得的境界。

从前，有一名和尚叫一了，他的耐性不够，做一件事情只要稍稍有点困难，就很容易气馁，不肯锲而不舍地做下去。

有一天晚上，师父给他一块木板和一把小刀，需要他在木板上切一条刀痕，当一了切好了以后，师父就把木板和小刀锁在他的抽屉里。以后，每天晚上，师父都要小和尚在切过的痕迹上再切一次，这样连续了好几天。

终于到了一天晚上，一了和尚一刀下去，就把木板切成了两大块。师父说："你大概想不到那么一点点力气就能把一块木板切成两大块吧？一个人一生的成败，并不在于他一下子用多大的力气，而在于他是否能持之以恒。"

古人云："事当难处之时，只让退一步，便容易处；功到将成之候，若放松一着，便不能成。"在生活中，有很多事情，并不是仅仅依靠三分钟热情就可以做好的，也不是一朝一夕就能做到的，而是需要持之以恒的精神。我们必须要付出时间和代价，甚至是一生的努力，当然，在这个过程中，我们需要忍耐，坚持，再坚持，等待机会和成功的来临。

宋代司马光编写《资治通鉴》，历时19年才截稿，但那时他已经是老眼昏花，不久就去世了；明代李时珍撰写《本草纲目》，几乎跑遍了名川大山，收集了大量资料，耗费了整整27年的时间，才铸就了这部名著；谈迁花了20多年的时间才完成了《国榷》，不料完成之后书稿被小偷盗走了，无奈之下，他又开始重新撰写，用了8年的时间才完成。这些例子都足以说明，无论做什么事情，只有持之以恒、呕心沥血、竭尽毕生，才能达到成功的巅峰，若只有三分钟热情，那最终只能一事无成。

很久以前，有一个养蚌人，他很想培育出一颗世界上最大的、最美的珍珠。于是，他去大海的沙滩上挑选沙粒，并一颗颗地询问它们："愿不愿意变成珍珠？"那些被问到的沙粒，一颗颗都摇头说："不愿意。"就这样，养蚌人从早上问到晚上，得到的都是同样一句话："不愿意。"听到这样的答案，他快要绝望了。

就在这时，有一颗沙粒答应了，因为它的梦想就是成为一颗珍珠。旁边的沙粒都嘲笑它："你真傻，去蚌壳里住，远离亲人和朋友，见不到阳光雨露，明月清风，甚至还缺少空气，只能与黑暗、潮湿、寒冷、孤寂为伍，多不值得！"但是，那颗沙粒还是无怨无悔地跟着养蚌人走了。

斗转星移，多年过去了，那颗沙粒已经成为一颗晶莹剔透、价值连城的珍珠，而曾经嘲笑它的那些伙伴们，有的依然是沙滩上平凡的沙粒，有的已经化为了尘埃。

一个人成功的过程无异于一颗沙粒变成珍珠的过程。在这个过程中，你需要经历痛苦与枯燥，而且你必须坚持着，忍耐着，当你走完黑暗与苦难的隧道之后，你才会发现，原来平凡如同沙粒的你，在不知不觉间已经成为价值连城的珍珠。

两千年以前，老子说："五色令人目盲；五音令人耳聋；五味令人口爽；驰骋畋猎，令人心发狂；难得之货，令人行妨。"这是老子所列举出的来自生活中的各种诱惑，而他是这样对待诱惑的："是以圣人为腹不为目，故去彼取此"，意思是，圣人但求安饱，不逐声色，这是古人传下来的智慧。

在今天来说，温饱是很容易解决的，但身边的诱惑总是太多，而心中的欲望已经张开了大嘴，就这样，多少人在尚未成功就已经深陷在金钱名利、声色犬马之中。孟子曰："富贵不能淫，贫贱不能移，威武不能屈。"其实，这都是抵御诱惑的例子。成大事者，首先就是要忍耐来自社会的各种诱惑。

心灵物语

古人云："锲而舍之，朽木不折；锲而不舍，金石可镂。"一个人只要有恒心，迈着坚定的步伐，义无反顾地向前走，最终会沐浴到胜利的光辉。人生是漫长的、复杂的、曲折的，所以忍耐是一种生命的常态。但忍耐只是暂时的，而非一辈子的忍耐，一辈子的忍耐只是安于现状。

宽容忍耐，是智慧人生的必修课

俗话说："忍一时风平浪静，退一步海阔天空。"在日常生活中，我们都有这样的体会：遇到了一个斜坡，实在跨不过去，干脆停下来，退一步或者几步，歇息一会儿，调整自己，鼓足劲，再继续前进，结果往往会一蹴而就。对于人生的进退，我们通常会有这样两种错误的理解：一是盲目前进，行莽撞之事；二是自暴自弃的沉沦。曾国藩是一个善于忍让的人，尤其是在不能前进的时候，他一般会选择后退，努力忍耐，最后，退一步却能前进一大步。

王阳明有言："不管人非笑，不管人毁谤，不管人荣辱，任他功夫有进有退，我只是这致良知的主宰不息，久久自然有得力处，一切外事亦自能不动。"意思是，不在乎别人的嘲笑、诽谤、称誉、侮辱，不管功夫的进步或退步，我只要抱定这致良知信念没有片刻停息，时间久了，自会感到有力，也自然不会被外面的任何事情所动摇。

《孙子兵法》有语曰："不以进为进，不以退为退，进中可退，退中可进。"退一步，表面上看是后退了，实际上在退一步的同时，心中已经为日后进一步做好了准备。以退为进的策略，在于修炼"忍耐"这门真功夫。

越王勾践因战败不得不假意投降于吴王，于是，昔日高高在上的大王，如今却成了吴王的马夫。每天，勾践都受到许多人的使唤，但是，勾践明白，自己若是想要复兴越国，就必须忍耐，委曲求全。因此，他表现出忠心耿耿的样子，从来不流露出怨言，内心强忍着痛苦。三年过去了，吴王夫差动了恻隐之心，打算放勾践回国。

回国后，勾践委托范蠡建城作都，他每天晚上睡在柴垛上，在房门口挂一个苦胆，每天都要舔一舔，念念不忘复仇。对外，他继续讨好吴王，不断送礼，给吴王送去了西施这样的美女和大量的木柴，以削弱吴国的国力。而勾践却休养生息，富国强兵，鼓励增加人口，以增强国力，和群臣一起谋划攻吴之计。最后，勾践一举歼灭吴国，血洗国耻。

勾践以退为进，终于完成了自己的复国计划，而其中，他所忍受的痛苦也得以解脱。有时候，退一步并不是屈服，而是为了更好地生存和发展。在生活中，我们看见在地上爬行的蚯蚓，就会发现，蚯蚓每向前一步，总是会将身体往后缩，其实，这也是"以退为进，以屈求伸"的方法。在日常工作中，我们所遇到的困难与挫折并不需要我们正面与之对抗，懂得忍耐，以退为进，我们一样能获得最后的成功。

在日常工作中，或许我们经常会遇到这样或那样的烦恼，小到同事告了自己黑状，大到受到上司的批评，面对这样的事情，我们心中肯定会生气、愤怒。可是，这又能怎么样呢？生气不但于事无补，反而会给别人留下不好的印象。所以不如凡事皆忍，在忍的过程中，修炼成熟的心智；在忍的过程中，等到意外的收获，这就是"忍小而促大谋"。

心灵物语

谦卑的忍耐绝不是对权势的顺从、对丑恶的姑息。相反，这是一种源于平等意识和博爱精神的谦卑，它以"低"的姿态坚持着自己的高度，以温柔的表情坚持自己的态度。谦卑之后，则是一种信手拈来的成功。

仁厚爱人，宽容忍让

如果一个人能在高谈阔论时冷静下来，能在自己最风光的时候收敛自己，能在非常生气的情况下控制自己的怒火，并以心平气和的方式处理事情，那么这个人就是具备智慧与忍耐力的内心非常强大的人。

任性地活着是一种高调人生，隐忍地活着则是一种低调人生。实际上，人生需要学会隐忍，更要以一种隐忍的态度去做人。

春秋时齐国丧君，大臣们开始紧张地策划拥立新君。齐国正卿自幼与公子小白非常要好，便暗中派人去莒国召小白回国即位。同时，也有人要接年长一些的公子纠回国为君，而鲁国也正准备护送公子纠回齐，并派管仲带兵在途中拦截回国的小白。双方相遇，小白被管仲一箭射中身上铜制的衣带钩，险些丧命。为了迷惑对方，小白佯装中箭而死，乘一辆轻便小车，昼夜兼程向齐都驶去。公子纠及鲁军以为小白已死，认为稳操

155

胜券，便放慢了回齐的速度，直到6天后才赶到。这时小白早已被拥立为齐君，并发兵乾时，大败鲁军。公子小白就是历史上赫赫有名的齐桓公。

齐桓公做了国君，心记一箭之仇，常想杀死管仲。当发兵攻鲁之时，鲍叔牙对桓公说："您要想管理好齐国有高傒和我就够了；您如想称霸，则非有管仲不可！"桓公胸怀大度，放弃前嫌，当即接受了鲍叔牙的意见，并派他亲自前往迎接管仲，厚礼相待，委以重任。得到管仲的辅佐之后，桓公如鱼得水，如虎添翼。管仲在桓公的大力支持下，大刀阔斧地进行了改革。齐国很快国富兵强，实力雄厚。

心字头上一把刀，那就是忍。在人世间，每个人最难面对的就是"忍"字了，因为做到它太困难了，所以，"忍"的人生境界很高。人生需要学会隐忍，以一种隐忍的态度去做人。

那寒冬里待放的梅花，那巨石下吐露的春笋，它们都在隐忍，以一种隐忍的方式生活着。所以，才有那严冬下的怒放的梅花，在隐忍之后，梅花更加艳丽；所以，才有那笔直亮丽的竹林，在微风中荡漾着美丽，诉说着一个古老的传说。

古时，陈嚣与纪伯做邻居，纪伯在夜里偷偷地把陈嚣家的篱笆拔起来往后挪了挪，陈嚣发现后心想，你不就是想扩大点地盘吗？我满足你。等纪伯走后，他又把篱笆往后挪了一丈。天亮后，纪伯看到自家的地又多出许多，他没料到，陈嚣不但没有和自己计较争地之事，还如此宽容照顾，主动让出土地，因此内心感到十分羞愧。于是，纪伯不但把侵占的地全部归还给陈嚣，还将篱笆向自己这边挪了一丈，以此感念陈嚣的宽宏大量。当时的周太守得知此事后，也非常敬佩陈嚣的品德，于是用石刻上"义里"二字，借此来表扬陈嚣。

"陈嚣让地"成为人们津津乐道的故事。宽容他人，并不是怯懦胆小，而是一种放下的智慧，有道是："饶人不是痴汉，痴汉不会饶人。"能宽容他人，体谅他人，不争强好胜与之计较，他人也会发自内心地感到温暖，不但避免了冲突，对方因此生起羞愧之心，改过向善。然而，可能有人却觉得，人不能太过善良，不能事事都让着他人。其实，真正能宽容待人，善待他人，不但能使自己免于陷入与人争斗的苦恼，无形中，还结下许多善缘，帮助自己化解灾难。宽容与忍让不仅培养了良好的道德品质，更带给他人一份美好的情感，就如同和煦的春风，点点滋润着他人的心底。

心灵物语

宽容与忍让并不是懦弱，而是一种难得的智慧；也不是一种损失，而是一种拥有。与别人为善，就是与自己为善；与别人过不去，就是与自己过不去。这是一种处世的哲理，也是一种生存的智慧。

第 11 章

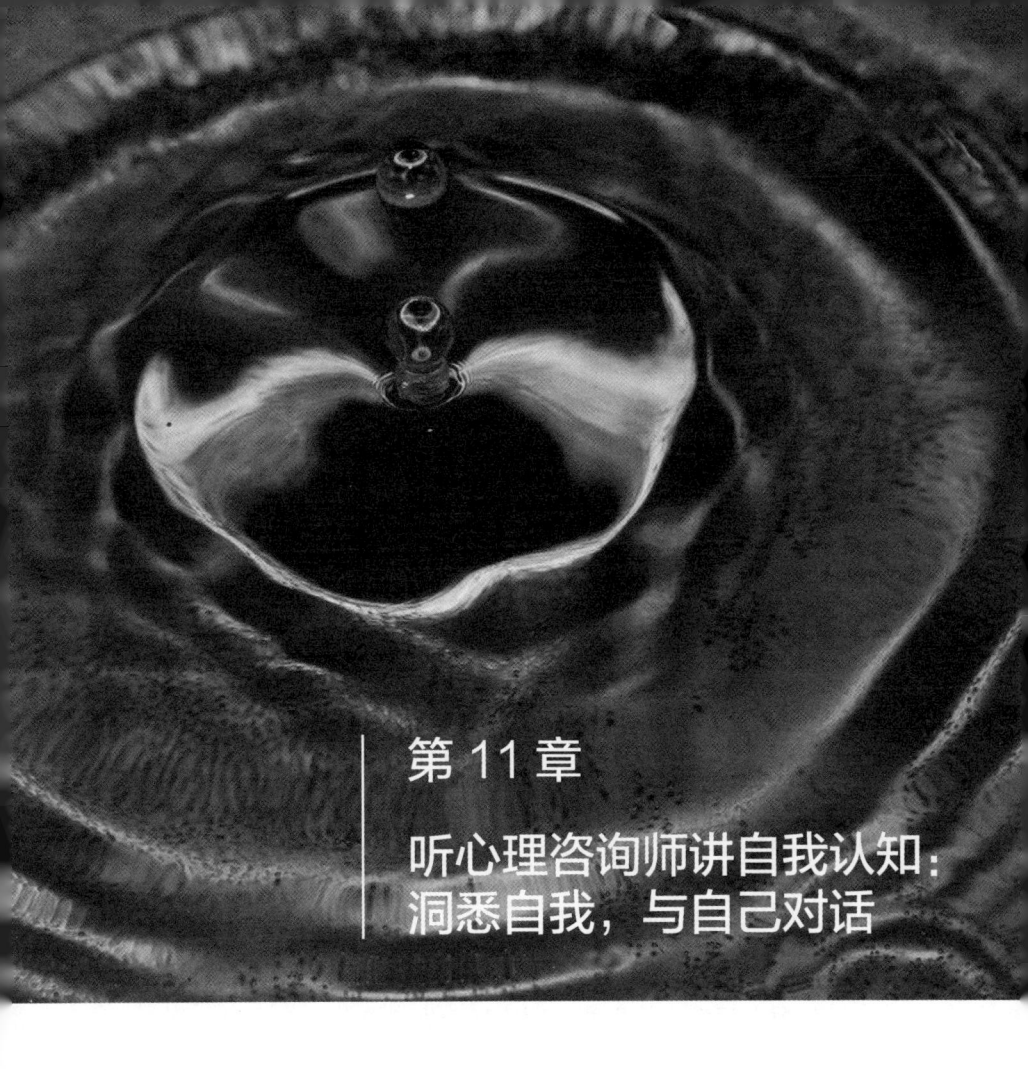

听心理咨询师讲自我认知：洞悉自我，与自己对话

人生之路不会一帆风顺，总有困惑、有挫折、有惊喜、有无奈。在漫长的几十年人生中，我们似乎把更多的时间用于了解社会、了解他人，却很少去了解自我、倾听自我。学会与自己对话，让心灵在对话里得到升华，让自己的生命越来越充实。

习得性无助：自我否定，一事无成

马戏团捕捉到一只小象，他们把小象养在木桩制成的范围内。小象小时候曾想过逃跑，但是，那时候它力气还小，无论如何用力都对付不了木桩。时间久了，在小象内心深处就树立了一个牢固的信念：眼前的木桩是不可能被扳倒的。即使小象长大成了大象，它已经有足够的力量去扳倒一棵大树，却对圈禁它的木桩无能为力，这是一个奇怪的现象。这种现象称为"习得性无助"，通常是指动物或人在经历某种学习后，在情感、认知和行为上表现出消极的特殊心理状态。养成"习得性无助"的人会在内心给自己筑起一道坚固的墙，他们坚信自己无能，放弃了任何努力，最后导致失败。

美国心理学会前主席赛利格曼曾做过这样一个实验：刚开始把狗关在笼子里，只要蜂音器一响，就给狗施加难受的电击，狗关在笼子里逃避不了电击。多次实验之后，在施加电击前，先把笼门打开，蜂音器响时狗不但不逃，而且不等电击就先倒在地上开始呻吟和颤抖，它原本可以主动地逃避，却绝望地等待痛苦的来临。赛利格曼将这种现象命名为"习得性无助"。

不久之后，赛利格曼进行了另外一个实验：他将学生分为三组，让第一组学生听一种噪声，这组学生无论如何也不能使噪声停止；第二组学生也听这种噪声，不过他们可以通过努力使噪声停止；第三组是对照，不给受试者听噪声。受试者在各自的条件下进行一阶段的实验之后，又令他们进行了另一种实验。实验装置是一个"手指穿梭箱"，受试者把手指放在穿梭箱的一侧就会听到强烈的噪声，但放在另一侧就听不到噪声。实验表明，能通过努力使噪声停止的受试者以及对照组会在"手指穿梭箱"实验中把手指移到另外一边；但那些不能使噪声停止的人的手指仍然停留在原处，任由噪声响下去。这一系列实验表明"习得性无助"也会发生在人的身上。

习惯成自然，如果人们不自觉地养成习得性无助，就会有一种"破罐子破摔""得过且过"的心态，而且，这种消极心态还有可能会感染给他人。

有一天，心理学教授接到了一个高中女孩的电话，在电话里，女孩子带着沮丧的口吻重复着："我真的什么都不行！"教授感觉到她的痛苦与压抑，他亲切地询问："是这样吗？"女孩好像对自己特别失望："是的，我和同学的关系不好，大家都不喜欢我，我的学习成绩一般，老师也不正眼瞧我，妈妈把所有的希望寄托在我身上，但我却无法满足她的愿望，我喜欢的男孩也不再喜欢我了，我已经感觉不到生活里的阳光了……"教授追问："那你为什么要打这个电话？"女孩继续说："不知道，也许是想找个人说说话吧！"经过了一番交谈，教授明白了女孩的问题——习得性无助，却又缺乏鼓励。假如一个人长时间在挫折里得不到鼓励与肯定，就会逐渐养成自我否定的习惯。

接着，教授说："我觉得你有很多优点，你是个懂事的孩子，有上进心、说话声音很好听、很有礼貌、语言表达能力强、做事情认真、善于与人沟通……你看看，我们才聊了一会儿，我就发现你有这么多的优点，你怎么能说自己什么都不行呢？"女孩惊讶地问："这能算优点吗？没有人这样说过啊。"教授回答说："从今天开始，请把你的优点写下来，至少要写满10条，然后，每天大声念几遍，你的自信心会慢慢回来，要是发现了新的优点，别忘了一定要加上去啊！"

教授这样告诉他的学生："在我们的身边，可能有许多人像这个女孩一样，在经历过挫折之后，就觉得自己什么都不行。但是，我希望你们今后彻底打消这种念头，无论什么时候，在做任何事情之前，都不要急于否定自己。"

经常把"我不行""我不能"挂在嘴边，这是愚蠢的做法。因为心理暗示的作用是巨大的，当自己在经受某个挫折后，就断然给自己下结论"不行"，实际上是给自己一个消极的心理暗示，时间长了，你真的会习惯性地说"我不行"。

多次失败之后，人们成功的欲望就减弱了，甚至会习惯失败而不采取任何措施。其实可怕的不是环境，也不是失败本身，而是这种自觉无能的感觉，是我们面对失败的态度！当习惯成了自然，习得性无助就会粉墨登场——破罐子破摔，得过且过，从而成为侵蚀机体的蛀虫。

而且一旦他们认定自己永远是一个失败者，认为无论怎么样努力都无济于事，那么即使面对他人的意见和建议，他们也还是以消极的心态面对生活。对这样的心态，我们应该尽量避免，要正确评价自我，增强自信心，用一颗坚强的心来摆脱无助的境地。

心灵物语

有些人常常在经历了一两次挫折之后，就好像失去了挫折免疫能力，他们对于失败的恐惧远远大于成功的希望，由于怀疑自己的能力，使得他们经常感受到强烈的焦虑，长此以往身心健康也受到影响。

鸟笼效应：你的困惑来源于自己的内心

有的人杞人忧天，遇到一点点小事就开始胡思乱想，使自己成为"鸟笼"的俘虏，最终，自己被那些想象的事情吓坏了。这就是人们常说的庸人自扰，本来生活中并没有那么多的烦恼，但就是因为心中的忧虑，凭空多出了许多的烦恼，使自己终日沉浸在焦虑之中，每天过得心惊胆战。其实，有时候，我们需要看开一些，对任何人任何事情都不要想得那么糟糕，留一份快乐在心中，那样才会赢得整个人生。那些快乐的人，他们口袋里装满了祝福；而那些疲惫的人，他们口袋里装满了指责。一路上他们同行着，快乐的人会把那些不必在意的负担丢掉,而疲惫的人却选择了丢掉祝福。所以,快乐的人的行囊越来越轻松,而疲惫的人会感觉越来越累。生活中的我们都要做快乐的人,千万别庸人自扰。

画家张大千先生长着很长的胡须,平时说话的时候,用手捋着自己的胡须,样子十分和蔼可亲。有一次,一位朋友问他晚上睡觉胡须怎么放,结果那天晚上,他为了合适地安放自己的胡须而彻夜未眠。那些平常不会担心的事情,怎么一在意就出问题了。在生活中,不止是张大千会有这样的烦恼,每一个普通人都会这样。人的天性都比较敏感,有独立的思想,就会不断思考,但想得太多,会把那些简单的事情复杂化了,以至于给自己带来一些不必要的心理压力。当你太过在意某一件事情,反而会平添许多烦恼。

反之,你用平常心来对待这些事情,就会发现它们不过是微不足道的小事。在桌面上有一张白纸,上面有一个小黑点,如果就这样看,黑点根本没有影响到白纸的干净,但假如你拿着放大镜看,那白纸就显得很脏了。所以,凡事看开一点,不要庸人自扰。

唐朝时期,陆象先是一个很有气量的人。当时,正值太平公主专权,宰相萧至忠、岑羲等大臣在太平公主的笼络下都纷纷投靠她。而陆象先却选择洁身自好,从来不去巴结讨好太平公主。先天二年,太平公主事发被杀,萧至忠等被诛。受这件事牵连的人很多,陆象先暗中化解,救了许多人,那些人事后都不知道。

象先出任剑南道按察使，一个司马向象先劝说："希望明公可以通过杖罚来树立威名。要不然，恐怕没人会听我们的。"象先说："当政的人讲理就可以了，何必要讲严刑呢？这不是宽厚人的所为。"三年后，象先出任蒲州刺史。当时，如果吏民有罪了，大多开导教育一番就放了。录事对象先说："明公，您不鞭打他们，哪里有威风！"象先说："人情都差不多的，难道他们不明白我的话？如果要用刑，我看应该先从你开始。"录事惭愧地退了下去。象先常常说："天下本来无事，都是人自己给自己找麻烦，才将事情越弄越糟。如果在开始就能清楚这一点，事情就简单多了。"

这是一个"庸人自扰"的典故，那些自己让自己担忧的人只能被称为庸人。他们既不是强者，也不是智者，也许有人会问，难道那些所谓的强者或智者就没有麻烦吗？当然不是，强者或智者一样也有烦恼，有时候也会做庸人自扰的事情。但是，他们与庸人的区别在于：强者或智者会尽量化解那些烦恼，不让它们困扰自己；而庸人则只会沉浸在自扰的旋涡中，不断地沉沦下去。我们不要做一个庸人，而要让自己成为生活的强者，成为人生中的智者。

每个人生活在这个世界，每天都会碰到一些烦恼的事情，这是很正常的，关键是看你如何去对待，假如你以平常心对待，那小事就是小事，很快便能化解；如果你放大了小事，那就变成大事了。所以，无论你遭遇了什么，都要积极主动去面对，应该怀着信心，努力就好，不要对未来没有发生的事情而担忧。

心灵物语

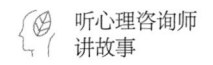

庸人为什么会自扰呢？其实，理解起来很简单。他们在某些时候，把现实中的问题看得很大，而把自己看得很小，以为自己遇到了难以解决的问题，所以陷入了自扰，这无疑是自寻烦恼。

马太效应：强者越强，弱者越弱

我们从小就被教育要独立自主，自强不息，自己的事情需要自己去做，不要把希望放在别人的身上。虽然，这么多年以来，我们从来没有否定过个人奋斗的重要性，但当我们个人付出了很多的努力却难以得到回报的时候，难免就会产生一种忧闷的情绪，甚至灰心丧气、一蹶不振、自暴自弃。实际上，假如我们从另外一个角度去想，想想如何借力行事，从而永远保持着积极向上的心态，这无疑是一条通往成功之路的蹊径。当然，这样的借力行事，并不是说我们完全摒弃了个人奋斗，也不是任何事情都需要依靠外力来帮忙。真正的借力行事，就是在我们原有的努力基础之上，巧妙外借他人之力，顺应天势，以此来达到我们所想要的结果，这就是人生中的大智慧。

马太效应，启示我们"强者越强，弱者越弱"。荀子在《劝学》中就说道："假舆马者，非利足也，而致千里；假舟楫者，非能水也，而绝江河。君子生非异也，善假于物也。"

寥寥数语就道出了人生的大智慧，君子其实与其他人并没有太大的差别，只是他们更善于借助和利用外物，这就是一种善于借助外力的大智慧。因为一个人的能力往往是有限的，有时你就必须借助外界的力量来达成自己的目标，借他人之力来促使自己成功。

在现实生活中，一个人要想成就一番事业，仅仅单枪匹马是不足以获得成功的，或多或少会依靠外来的力量，比如地位、名望、财富或者权力，否则他就会举步维艰。比尔·盖茨曾经说："一个善于借助他人力量的企业家，应该说是一个聪明的企业家，在办事的过程中善于借助他人力量的人也是一个聪明的人。"因此，在人生的路途中，当你觉得一个劲儿地向前冲并不能为自己解决问题时，就要学会舍弃一些坚持。一个人横冲直撞并不能成功，必须借助他人的力量来增强自己的力量。

成吉思汗被世人赞扬"一代天骄"，可是，成吉思汗在历史上几次大规模的战争中都处于劣势，那为什么大多数都能以胜利而告终呢？

其实，成吉思汗善于利用外力来为自己打天下。他利用了札木合、王罕与蔑儿乞人之间的宿怨，利用塔塔儿人与王罕的旧仇，利用札木合与王罕之间的嫌隙，成功地分化了阿兰人与钦察人，然后各个击破，最后征服了整个东欧草原。面对每一个敌人的时候，成吉思汗又利用敌人内部矛盾，如利用札木合与其一些下属的矛盾，利用王罕父子的矛盾等。在扩张过程中，他利用金夏之间的矛盾，攻下西夏，从根本上清除了两国联合御敌的可能；而在攻打西辽时，他又利用西辽的阶级矛盾与宗教矛盾，分化瓦解了屈出律的势力，使强大的西辽变得不堪一击。

成吉思汗借助了敌人的力量来成就自己的事业，最后成为草原霸主。事实上，许多历史上成大事者都很善于借助他人力量来使自己获得成功。东汉末年，草船借箭的故事几乎家喻户晓，试想，如果当时孔明坚持自己造弓箭，那肯定会以失败告终。所以，他不仅借助外力完成了任务，也让周瑜刮目相看。

无数的例子告诉我们，借力行事是通往成功之路的法宝。我们一个人的力量毕竟是有限的，而我们要想在人生的道路上获得成功，除了靠自己的努力奋斗，有时候还需要借助他人的力量，就像是三月里的风筝，凭借好风力，才得以望尽大好河山。所以，在必要的时候，我们要放下"一意孤行"的固执，学会借助外力来获得成功。

孙中山曾说过："世界潮流，浩浩汤汤，顺之则昌，逆之则亡。"世间的任何事物都有其规律可循，顺势而为，才能事半功倍，即使是伟人，他们也不能逆势而为。

心灵物语

自古以来人们就讲究"天时、地利、人和"，这样方能成就大事。实际上，这都是借外力而为，顺势成事才是真正的大智慧。所以，当我们直冲向前却难以取得成就的时候，不要太过坚持，借力行事，顺势而为之，必将成大事。

破窗理论：别忽视小小的细节

哲人说，小事成就大事，细节成就完美，如果忽视细节，就可能导致"破窗效应"。在小事上认真的人，做大事一定成绩卓越。因为细节最能体现一个人的智慧和美德。追求细节完美代表着永不懈怠的处世风格，也是一个人追求成功的资本。

一位伟人曾经说过："轻率和疏忽所造成的祸患将超乎人们的想象。"生活中若总是粗枝大叶，马马虎虎，鲁莽轻率，就会失去很多原本属于自己的东西，而留下一生的遗憾。

对于年轻人来说，不论多么远大的理想，都需要一步步实现；不论多么浩大的工程，都需要一砖一瓦垒起来。平庸和杰出的差距就在一些细节中，这是一个细节制胜的时代。对于自己的工作，无论大小，都要了解得非常透彻，数据应该非常准确，规划也应该非常明晰，这样才能脚踏实地地完成宏伟的目标。

即使是最聪明的人设计出来的最伟大的计划，执行的时候也必须从小处着手，整个计划的成败就取决于这些细节。近些年，细节决定成败的口号喊得越来越响亮，但仍有些人做事毛躁马虎，以至于给自己或他人带来无尽的问题，甚至带来很大的损失。

即使现代生活步伐很快，我们仍要精益求精，一丝不苟。若马虎地对待工作，工作也会马虎地对待自己，而若能细心对待生活，注重生活中的细节问题，也许就会有意料之外的收获。

据说，某服装厂与外地的一个商场签订了一份服装购销合同。合同中规定：货款45万元，货到付款。

作为卖方的服装厂，认真履行合同，按时将货送去了，并相信对方也一定会及时付款。谁知，2个多月过去了，卖方还没有见到对方货款的影子，不得不打电话相催。买方却回复说，合同里写明"贷到付款"，只能等他们贷到货款再说了。卖方当然不干，可拿出己方持有的那份合同书仔细一看，果然也写着"贷到付款"而不是"货到付款"。

双方争执不下，最后告到法院。法官们经过审理，认定合同有效。这样，买方何时才能贷到那45万元的贷款，卖方何时才能拿到货款，就只有天知道了。

绝大部分企业家会知道一些十分精确的数字：比如全国平均每人每天吃几个汉堡包、几个鸡蛋。之所以要了解清楚，是因为他们想确保细节上占有多方面的优势，不给竞争者可乘之机，哪怕是一些细枝末节的漏洞。对所有人来说，熟知细节是最佳的训练，尤其是面对紧急、影响重大的事情时，这些知识更是有用。

一个男孩的父亲有一个很大的养鸡场，当男孩10岁的时候，父亲给了他50只鸡让他饲养。当然，这一切是有条件的，一是这些鸡都是父亲挑剩的劣种仔鸡，二是养鸡要自负盈亏。

男孩欣喜若狂，信心十足地开始了自己的第一次经营活动。可他对养鸡的事一窍不通，于是便认真地观察起来。通过观察小鸡及吃食的情况，他渐渐发现一个问题：当一个鸡笼里的鸡少一些的时候，小鸡吃得就多，长得就快；但是鸡太少的时候，又会浪费鸡舍和鸡饲料，所以必须掌握最佳的结合点。经过一段时间的摸索，男孩总结出每个鸡笼里养40只小鸡是最合适的。在男孩的精心饲养下，那些原本劣种的小鸡日渐改观、逐渐长大。当这些鸡开始产蛋的时候，每月卖鸡蛋的纯收入达15美元，这在大萧条时期可是一笔不少的钱。

后来，这些原本劣质的鸡雏的产蛋量远远超过了父亲的那些良种鸡。开始时，父亲不相信，当他亲眼看到男孩卖了鸡蛋拿到钱的时候，才不得不对孩子夸赞几句。

父亲对男孩的评价是："能够注意到细小的环节，并且能够认真实施和改进。"

后来，父亲将一部分鸡场交给男孩管理经营，事实进一步证明男孩的管理和销售能力，他管理的几个鸡场的效益都超过了父亲。当男孩19岁的时候，父亲将整个家禽养殖场全部交给了男孩。

之所以很多人一生都无所成就，多是因为他们有着大事干不了、小事又不愿干的心理。其实小至个人，大到一个国家，每一个突破，都是来源于平凡工作的积累。没有人可以一步登天，只有当你认真对待每一件小事，人生之路才会越来越宽，成功的机遇也会接踵而来。

西奥多·罗斯福是个重视细节的人，凡是须经他签名的信函，他总要亲笔更动几个字后才发信。起初秘书认为自己撰写得不够好，后来秘书发现他是每封信都改，有一天实在忍不住，问总统是否对所有信都不满意。罗斯福摇头说："我只不

171

过签个名而已,我担心收信人误认为信函全由秘书代写代打,所以我一定要用笔更动一两个字。这么一来,每封信都增加了'人情味',不再那么冷冰冰了。"

心灵物语

对待小事、对待细节的处理方式往往也反映了一个人工作的态度。是积极面对、脚踏实地,还是整日空想成功,却不愿从身边的事情做起,这两种截然不同的态度,是成败的主要区别之一。

青蛙效应:居安思危,防患于未然

如果把青蛙放进一锅冷水中,然后慢慢加热锅里的水,青蛙就会一直待在水里,直到最终被烫死。

在职业生涯中,我们总会处于各种各样的环境中。不过,若是在同一种环境下工作得太久,总免不了会产生一种现象,那就是被环境同化,使自己丧失上进心和适应生活的能力,而只能适应目前的工作环境。大量数据显示,人们做同一份工作差不多3年之后,工作环境就会产生类似"青蛙效应":身边的同事太熟悉,工作基本缺乏太大的挑战,可以说是安逸稳定,也可以说是原地踏步。对自己而言,尽管现在的工作难度看起来不那么高,也清楚这样的安逸状态持续下去是可怕的,却缺乏接受更难工作的勇气。面对这样的情形，需要警惕了，否则你就真的成为那只温水里的青蛙了。

小娜大学毕业后，被父母安排到小镇的政府上班。这是一份悠闲的工作，工资待遇很不错，福利也有保证，工作环境安逸。这对刚刚大学毕业的小娜而言，无疑是一种幸福，她在小职员的岗位上快乐地工作着。而这一时期，一起毕业的同学还在辛苦地奔波找工作，比起他们，小娜觉得自己起点高多了。而且，比起那些销售、广告设计等工种，政府部门不管是人事制度还是工作方式都要更加专业。更重要的是工作难度并不大，每天只需要看看报纸、写写报告就行了，小娜觉得这是一份非常安逸的工作。

5年过去了，小娜一直在政府做着小职员的工作。当她发现自己身边的朋友开始步入管理岗位的时候，自己却依然做着小职员的工作，这时她才开始渐渐意识到：一直从事简单的工作，缺乏学习新东西的机会。而且自己一直安于现状，从不主动积极争取机会，这些年来的收获比当初一进公司就独当一面的同学少很多。尽管当初自己的薪水算是比较可观的，但现在却与很多同学有较大差距了。

任何一份工作都会有令人喜欢的部分，也会有令人不喜欢的部分。一份工作是否让人喜欢，需要综合考虑，比如工作中的满足感、被认同感、个人兴趣、未来发展、薪资福利，甚至工作时间……并非每一个安于现状的人都会成为温水里的青蛙，也并非所有的温水都一定会烧开。每个人的价值取向、

173

性格脾气、家庭情况是大不相同的，做出彻底改变固然值得赞赏，不过我们若能在现有的基础上调整自己，适应环境，不断提升自己，这也是值得认可的。

工作中涉及专业技能的内容并不多，或者即使有也只有那么一点，已经太熟悉了，自己也没有继续学习的动力；自己所从事的行业并非朝阳行业，或者即使是朝阳行业，也并非核心部门；工作这么多年以来，职业或待遇没有显著变化，或许几年前工资待遇是令人羡慕的，但这几年下来，别人都已经进步了，你却依然在原地踏步；你与身边的同事一起工作很多年了，但始终只有几个是关系不错的，甚至领导对你的印象也不深刻。

如果你符合上述情况的两种及以上，那么你已经是温水中的青蛙了，应该保持警惕心态了。大多数人看不清楚目前的状况，对未来充满迷茫，这在很大程度上都是由于对未来没有一个十分明确的规划，也不清楚自己希望朝着什么方向发展。正所谓"生于忧患，死于安乐"，温水中的青蛙们不妨计划一下，自己5年之后希望变成什么状态？若是按目前的状况是否可以走到那一步？

职场发展从很大程度上来说依赖于人际关系。要敞开自己的心，多认识一些朋友，这样很有可能带给你意想不到的机会。不断的学习会让我们意识到身边的危险和即将出现的变化，让自己开拓视野，而不是故步自封，原地踏步。在这方面所有职业都是相通的，尤其是公认的温水环境。尤其需要提醒的是，千万不要等到工作有需要才想到学习，而是将学习当成主动的目标，没事时哪怕看看书也是很不错的。

假如自己真的决定摆脱"温水"环境，不管是寻找全新的职场机遇，还是在现有的环境下做出改变，都需要适度忍让。这种忍让有可能是待遇方面的，也有可能是工作变动等。假如一时的后退可以换来更大的前进，那忍让就是值得的。

心灵物语

在温水环境里并不是最可怕的，可怕的是身在其中却不知，依然浑浑噩噩过日子。所以，温水中的青蛙们需要随时保持自省的状态，保持清醒的头脑，具备敏感度和警惕性。即使在温水中，也不要太过忧虑，而是想办法改变自己现在的处境。

第 12 章

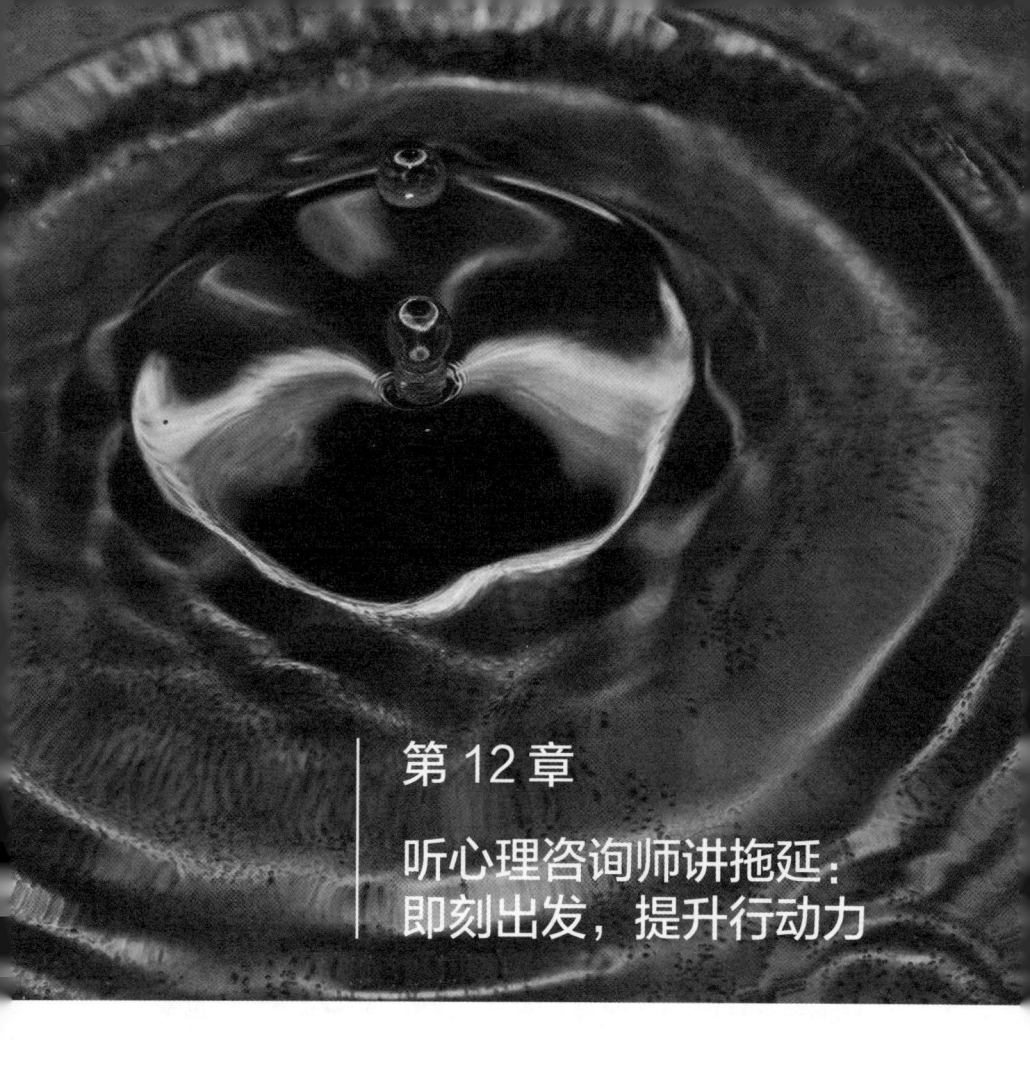

听心理咨询师讲拖延：即刻出发，提升行动力

梦想只要能持久，就有可能成为现实。然而，梦想谁都可以有，不过仅有梦想不去行动，这只能算是空想。追逐心中的梦想，不必在乎自己的先天条件，更多的是看你是否具有"即刻出发"的勇气和持久的毅力。

听心理咨询师
讲故事

"我很忙"是拖延者最大的借口

日本女作家吉本芭娜娜出版了四十本小说和近三十本随笔集。《鲤》杂志曾采访过她:"许多人有了小孩之后就没有闲暇时间了,您现在有了孩子,是如何抽出时间来写作呢?"吉本芭娜娜说:"确实没什么时间,但是我一直在拼命。为了多争取一点写作时间,每天我都在与时间赛跑,最夸张的时候,你能想象吗,我几乎是站着吃饭。"估计许多人看到这里会感到羞愧吧。虽然站着吃饭的行为不可取,但是比起吉本芭娜娜,许多人总是感慨自己时间不够、事情做不完,却从来不去想如何充分利用时间,发挥其最大价值。

犹太人认为,只有勤勉的人才能够尝到胜利的果实,只有勤勉的人才能够得到命运的眷顾。所以,如果你是一个做事勤勉的人,那么成功就已经离你不远了。

1994年至1995年赛季美国职业篮球协会的最佳新秀贾森·基德,谈到自己成功的历程时说:"我小时候,父亲常常带我去打保龄球。我打得不好,总是找借口解释为什么打不好,而不是去找原因。父亲就对我说'别再找借口了,这些不是理由,你保龄球打得不好是因为你总说没时间练习'。他说得对,现在我只要发现自己的缺点便努力改正,绝不找借口搪塞。"达拉斯小牛队每次练完球,总是看到有个球员在球场内奔跑,一再练习投篮,那就是贾森·基德。

成功与失败看起来似乎有天壤之别,而促成它们的原因,或许就是一些小小的细节和一些小小的习惯。比如我们常常为自己没有完成的事情而寻找借口,而大部分的借口则是"我很忙""我没时间"。失败是没有任何借口的,失败了就是失败了,我们在接受失败这个事实的同时,需要反省自己,而不是为失败寻找借口。当然,成功并不是那么随随便便轻易就达到的,我们必须付出艰辛的努力,在成功的道路上,那些坚持、付出的汗水与艰辛都可能铸就最后的成功。

关于自己的未来人们总会有很多规划,但当他们未能完成时总向别人推诿:"我最近很忙,根本没有时间。"迟迟不见有行动,但是如果你想有所获得,有所成就,做哪一件事不会耗费时间呢?我们经常看到优秀的朋友,举手投足之间尽显优雅,且写得一手好字,可是当你在羡慕对方的时候,是否想起对方为了培养仪态、练字又一个人度过了多少寂寞的时光呢?忙和没时间是最糟糕的借口,因为每个人的时间都是一样的,我们之所以会抱怨没时间,不过是因为自己在其他事情上浪费了时间。

财经作家吴晓波说:"每一件与众不同的绝世好东西,其实都是以无比寂寞的勤奋为前提的,要么是血,要么是汗,要么是大把大把的曼妙青春好时光。"如果倾力付出自己的努力,那早晚会从量变到质变,你现在走的每一个脚印,都会

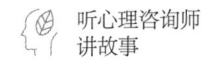

成为将来实现人生飞跃的跳板。很多人总会制订许多计划，看书、运动、旅行等，但常常因没有时间而不得不放弃。

其实即便是上班族，闲暇时间也很多，其中最多的可能就是在路途上，比如上下班的通勤时间。假如我们坐公交车上下班，就可以拿一本书，或手机下载电子书来阅读，内容可以根据自己需要而选择。

当我们在厨房煮东西，如炖汤之类的，我们可以在旁边伸伸腰、做简单的伸展运动，以此锻炼身体。不管是对上班族还是家庭主妇，这样做都可以有益身心健康，高效利用时间。

排队等待的时间也是我们的闲暇时间，这时我们同样可以看电子书、听音乐，或是拿出小本记录下自己的心情，对于想当作家的人来说，最好的习惯就是随身都拿着笔和本子。

心灵物语

难道你的生活真的有那么忙吗？真相到底如何只有自己知晓，别总以忙和没时间当借口，那不过是在为自己的懒惰找理由而已。你若坚持努力，一定会发光，因为时间是最宝贵的财富，聚沙成塔，将人生一切的不可能都变成可能。

戒除拖延，立即执行

有人说自己是一座宝藏，挖掘得越深，获得的越多。也有人说，自己是一匹奔腾的野马，重要的不是学会怎样提速，而是控制自己。

人有各种各样的优点和缺点，也有一种惰性，这种惰性经常导致计划落空。人在计划落空时又很容易形成新的计划，新计划其实是旧计划的翻版。结果就是，一项计划翻来覆去总没有结果。这是十分悲哀的事情。成就一番事业必须雷厉风行，要有一种魄力，说干就干，一点也不拖延。这是成就事业的一种必备品格。

朗费罗说："我们命定的目标和道路，不是享乐，也不是受苦，而是行动。"胸有壮志宏图，但若不能付诸实践，结果只能是纸上谈兵，毫无实际意义。

拖延是一种坏习惯，它会让人在不知不觉中丧失进取心，阻碍计划的实施。一个人如果进入拖延状态就会像一台受到病毒攻击的电脑，效率极低。拖延最常见的表现就是寻找借口。虽然目标已经确立了，却磨磨蹭蹭，像一只生病的羔羊，没有一点精神。不论什么时候，他总能找到拖延的理由，计划当然就会一拖再拖，成功也就遥遥无期。

威廉是一名销售员，他为自己制订了一套完整的销售方案。第一天他到公司上班的时候，没有去做销售工作，而是在办公室里听歌，他觉得他的销售方案太完美了，不用那么急着去做工作。第二天他仍然没有去做销售，他对自己说，我是学营销专业的，销售对我来说太简单了，不用急。结果一个月过去了，他没有一点销售业绩，老板只好把他开除了。但是老板很惋惜，因为他的销售方案确实非常完美，只是威廉没有立刻去执行。

对于一个公司来说，很有可能会因为拖延而损失惨重。1989年3月24日，埃克森公司的一艘巨型油轮触礁，大量原油泄漏，给生态环境造成了巨大破坏。但埃克森公司却迟迟没有做出外界期待的反应，以致引发了一场"反埃克森运动"，甚至惊动了当时的布什总统。最后，埃克森公司总损失达几亿美元，形象严重受损。

那么对于一个人来说，拖延又会带来什么灾难性的后果呢？对一个渴望成功的人来说，拖延将成为制约他取得成功的桎梏。在公司，没有一个老板喜欢有拖延习惯的员工，在家里，没有一个妻子喜欢有拖延习惯的丈夫。

社会学家卢因曾经提出一个概念，叫"力场分析"。他描述了两种力量：驱动力和制约力。他说，有些人一生都踩着刹车前进，比如被拖延、害怕和消极的想法捆住手脚；有的人则是一直踩着油门呼啸前进，比如始终保持积极、合理和自信的心态。

哈利起初只是美国海岸警卫队的一名厨师。他从代同事写情书开始，爱上了写作。于是他给自己制定了用两三年的时间写一部长篇小说的目标。他立刻行动起来，每天不停地写作，从不停息。8年以后，他终于在杂志上发表了自己的第一篇作品，可字数仅有600字。他没有灰心，退休后，他仍然不停地写，稿费没有多少，欠款却越来越多。尽管如此，他仍然锲而不舍地写着。朋友们帮他介绍了一份工作，可他说："我要做一个作家，我必须不停地写作。"

又过了4年，小说《根》终于面世了，引起了巨大轰动，仅在美国就发行了500余万册。小说还被改编成电视剧，观众超过了1.3亿，创下了电视收视率的历史最高纪录。他也因此获得了普利策特别奖，收入超过500万美元。

所以，有了目标后，最重要的就是放弃任何借口，立刻将它付诸实施，并且坚持到底。我们常说，"千里之行始于足下"，就是要求我们行动起来，并走好起始的第一步。如果只是因为自己有一个美好的梦想就沾沾自喜，而忘记了行动的力量，那么无论对岸的风景有多么迷人，你也不能够目睹。无论海中的贝壳有多么美丽，你也不能够把它挂在胸前。

那么，拖延心理是怎么产生的呢？有些拖延行为源于人们的恐惧心理。许多恐惧是我们意想不到的，有的人明明对一些事情充满着恐惧却不清楚自己到底在害怕什么，有的人声明自己并不害怕，但他却一直在逃避某些事情，这些就是潜在的恐惧心理。有的人越是逃避，越是害怕，为了逃避这些，只能慢慢拖延，比如害怕繁重的工作。

通常拖延症患者的时间作息表都是混乱不堪的，比如盲目乐观地评估自己的能力，他会想在睡前加班将工作完成，事实上他根本不清楚自己是否能顺利完成；没有具体的规划，拖延症患者根本不知道自己完成一件事情需要多久，也没办法说出自己的具体计划，他们总是想捍卫自己的自由，甚至想逃避时

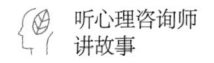

间的控制。

拖延症患者行为与心理的矛盾表现为：一方面他们害怕时间不够用，担心没有时间；另一方面他们不到最后一刻决不采取行动，几乎不能提前开始行动。哪怕是提前开始行动，也没办法坚持下去。对于大部分喜欢拖延的人而言，他们的心路历程就是这样。

有的人喜欢追求完美，当他们在做一件事情的时候，总是犹豫不决，改来改去，直到紧急关头也拿不定主意，无法做出决断。这些问题导致他们对自己应当做的行为一拖再拖。

心灵物语

你是否有这样的表现呢？今天的事拖到明天做，本该6点起床，却拖到7点再起，上午该打的电话等到下午再打，每天要写的文章攒到最后时刻写，今天要洗的衣服拖到明天再洗，这个月该拜访的朋友拖到下个月。如果你有这些表现，那么你也是一个十分拖延的人，应该立刻改掉这个坏习惯。

学习"吃掉那只青蛙"

说到拖延的习惯，相信许多人都不陌生，因为在平时的生活中，随处可以见到它的身影。在该工作的时候上网冲浪，总是对自己说："明天再去做吧。"但是，正所谓"明日复明日，明日何其多"，在拖延蔓延的过程中，我们错过了许多完成目标的机会。

曾有人问一个做事拖拉的人："你一天的工作是怎么干完的？"这个人回答说："那很简单，我就把它当作昨天的工作。"这就是拖延的习惯，其实，拖延岂止是把昨天的工作今天来干。有人给拖延下的定义为：把不愉快或成为负担的事情推迟到将来做，特别是习惯性这样做。如果自己是一个做事拖延的人，那么，生活中大多数时候都在浪费时间。做一件事也需要花很多时间来思考，担心这个或担心那个，或者找借口推迟行动，但最后又为没有完成目标任务而后悔，这就是"拖延者"典型的特点。对于成功来说，拖延是一块讨厌的绊脚石，拖延的习惯会阻碍目标任务的完成。所以，要想获得成功，就需要向目标立即奋进，拒绝拖延。

马克·吐温曾经说过："如果你每天早上醒来之后所做的第一件事情是吃掉一只活青蛙的话，那么你就会欣喜地发现，在接下来的这一天里，再没有什么比这个更糟糕的事情了。"由此引发出了"青蛙"规则，对每一个人而言，"青蛙"就是最重要的任务，如果我们现在不对它采取行动的话，我们很可能就会因为它而耽误时间，我们的"青蛙"也可能成为对自己的生活产生最大影响的事情。

有人引申出了"吃青蛙"的两个规则：一是如果你必须吃掉两只青蛙，那么先吃那只长得更丑陋的。简单地说，假如在一天里我们面临了两项重要的任务，那么我们应该先处理更重要的一项,即使重要的任务总是棘手的,但我们也要去吃掉那只丑陋的青蛙。养成这样的习惯,而且一开始就要坚持到底,完成一个目标再接着开始另外一个目标。

二是如果你必须吃掉一只活的青蛙,那么即使你一直坐在那里并盯着它看,也无济于事。摆在面前的即使是一件非常难做的任务,我们也需要立即行动,漫无目的地思索只会浪费更多的时间。必须吃掉一只活的青蛙,才能使我们养成不假思索、立即行动的习惯。

完成既定目标,提高自己的工作效率在于立即行动,即"吃掉那只青蛙"所阐发的理论:每天早上要做的第一件事情,就是做对你来说最重要的那件事情,并使之成为一种习惯。这样时间久了,自然就能克服拖延的毛病。大量的研究表明,那些成功人士身上最显著的共性是"说做就做"。一旦他们有了明确的目标,就会立即展开行动,一心一意、持之以恒地完成这项工作,直到完成目标为止。

阿尔伯特·哈伯德出生于美国伊利诺伊州的布鲁明顿市,父亲既是农场主又是乡村医生。年轻时的哈伯德曾在巴夫洛公司上班,是一名很成功的肥皂销售商,但是,他却对此感到不满足。1892年,哈伯德放弃了自己的事业进入了哈佛大学,然后,他又辍学到英国徒步旅行,不久之后,哈伯德在伦敦遇到了威廉·莫瑞斯,并喜欢上了莫瑞斯的艺术与手工业出版社。

哈伯德回到美国,他试图找到一家出版社来出版自己的那套《短暂的旅行》的自传体丛书。但是，他没有找到任何一家出版社。于是，他决定自己来出版这套书，他创建了罗依科罗斯特出版社，将自己的书出版之后，他成为既高产又畅销的作家。随着出版社规模的不断扩大，人们纷纷慕名而来拜访哈伯德，最初游客会在出版社的周围住宿，但随着人越来越多，周围的住宿设施已经无法容纳更多的人了，因此哈伯德特地盖了一座旅馆。在装修旅馆时，哈伯德让工人做了一种简单的直线型家具，而这种家具受到了游客们的喜欢，哈伯德开始了家具制造业。哈伯德公司的业务蒸蒸日上，同时，出版社出版了《菲士利人》和《兄弟》两份月刊，而随后《致加西亚的信》的出版使哈伯德的影响力达到了顶峰。

有人说，阿尔伯特·哈伯德的一生是无比传奇的。他之所以能在多方面获得成功，就在于他从来不拖延，不断地朝着自己的一个又一个目标而努力奋进。阿尔伯特·哈伯德一生坚持不懈、勤奋努力地工作着，成功对于他来说是自然而然的。在《致加西亚的信》中，阿尔伯特·哈伯德讲述了罗文送信这样的情节："美国总统将一封写给加西亚的信交给了罗文，罗文接过信以后，并没有问：'他在哪里？'而是立即出发。"拖延、懒散的生活态度，对许多人来说已经是一种常态，要想成为哈伯德这样的人，我们就应该拒绝拖延。

假如你觉得自己很有工作能力，可以在很短的时间内将比较困难的事情做完，那就应该在接到工作任务时马上动手做，这样你完成事情之后就可以玩得更开心，而不是在玩时总想着

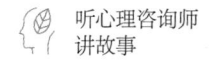

工作的事情。

假如你认为时间的紧迫感可以令自己发挥超常水平，那也需要给自己确定一个期限。假如你曾经有过几次临时抱佛脚的经历，却屡遭失败，那最好还是不要尝试这种方法。

如果你经常被琐事烦恼，那就应该学会时间管理，最简单的方法就是要明确自己的目标，经常想想这件事不做对自己以后有什么影响。当你有了时间管理的意识之后，往往能够及时地完成事情。

心灵物语

通常来说，一个人成就的大小取决于他做事情的习惯，克服拖延是做事情的一个重要技巧。我们要想完成既定目标，取得成功，就应该培养做事不拖沓的习惯，逐渐学习"吃掉那只青蛙"，不断地重复。一旦养成了这个习惯，"完成目标，马上行动"就会成为一件自然而然的事情。

不找借口找方法，提升行动力

人生不应该停留在"等"和"靠"上，成功不会像买彩票那样充满侥幸，唯一需要的应该是制订计划并立即执行。不等不靠，现在就去做，表现出来的是一个成功人士应有的精神风貌。如果你是因为没有信心才迟迟不敢行动的话，那么最好的消除障碍的办法就是立刻去做，用行动来证明你的能力，增强你的自信。与其找借口，不如找方法。

李大钊曾经说过："凡事都要脚踏实地去做，不驰于空想，不骛于虚声，而惟以求真的态度做踏实的工夫。以此态度求学，则真理可明；以此态度做事，则功业可就。"

面对很多事情，庸者只会说"那个客户太挑剔了，我无法满足他""我可以早到的，如果不是下雨""我没有在规定的时间里把事情做完，是因为……""我没学过""我没有足够的时间""现在是休息时间，半小时后你再来电话""我没有那么多精力""我没办法这么做"，等等。

乔在公司工作已经3年了，但还在原地踏步，仍然只是一个小职员。虽然他本人对此也感到十分苦恼，但是却毫无办法。乔的主管看见他这个样子，也有种"朽木不可雕也"的感叹。

这次，公司业务部新拉了两个客户过来，主管想给乔一个升职的机会，就把乔喊到办公室："这次你去吧，客户都是比较好说话的，只要你能随机应变，就一定能完成工作任务。"乔显得有点犹豫："我……我……我怕我不行。"主管有点生气了，但还是规劝道："你看跟你一起进公司的人，发展最好的已经晋升到总经理的位置了，你还依旧这样，你也得为自己的工作尽份力量，为公司尽点责任。"乔看着主管恨铁不成钢的模样，硬下头皮接了下来。

等到第二天，已经准备出发，乔来到主管办公室，支支吾吾地说:"主管,我真的不行,我到时候把这个客户得罪了,把业务丢了就不好办了,你还是另派一个人去吧。"主管气得说不出话来,只是一个劲儿地叹气。

乔是真的没有能力吗?不,他只是在不断为自己逃避责任而寻找借口,诸如"我不行""如果把客户得罪了怎么办,把业务丢了怎么办"等等,这样的说辞其实就是借口。寻找借口的唯一好处,就是把属于自己的过失掩饰了,把自己应该承担的责任转嫁给社会或他人。这样的人,在公司里不会被老板信任,在社会上也不会成为大家信赖和尊重的人。

然而,遗憾的是,在现实生活中,我们经常听到这样或那样的借口。上班迟到了,会说"路上塞车""早上起晚了";业务成绩不好,就会说"最近市场不景气,国家政策不支持,公司制度不行"。对这样一些整天寻找借口的人,只要他们用心去找,借口无处不在。结果,他们把许多宝贵的时间和精力放在了怎么样寻找一个合适的借口上,而浑然忘记了自己的职责所在。

吉姆在公司待了2年了,与他一起进公司的人早就升职加薪了,但吉姆还在原地踏步。每当老板对吉姆说:"吉姆,为什么不去争取做一些有挑战性的业务呢?你在底层锻炼的时间已经够长了。"这时吉姆总是说:"我觉得自己条件还不具备。"这时老板总会摇摇头,欲言又止。

最近,吉姆的一个同事又升职了,这样仅剩吉姆一个人在最底层了。吉姆觉得不服气,他去找老板说:"为什么升职加薪都轮不到我呢？"老板说："吉姆，你还在为自己找借口，当你觉得条件尚不具备的时候，为什么不自己去创造一些条件呢？如果你用寻找借口的时间和精力去寻找一些恰当的方法，我想不用你来找我，我会主动给你升职加薪的。"

在现实生活中，如果真的等到全部条件具备之后才开始行动，那就会丧失机会。"条件不具备"其实也是自己逃避责任的借口，以条件不具备作为借口不行动，那只会延误计划，丧失机遇。如果我们觉得自己能力不足，就应去寻找自己到底哪里不足，而不是找借口说"我不行"。

不管做什么事情，都要记住责任，不管在什么样的工作岗位上，都要对自己工作负责。千万不要用任何借口来为自己开脱或搪塞，因为执行力是不需要任何借口的。

借口是一面挡箭牌，这本身就是一种不负责任的态度。时间长了，对自己绝对是有害无益。正是因为你花了太多的时间去寻找各种各样的借口，那就不会再努力去工作，不再想方设法地争取成功。对老板吩咐下来的任务，如果你不想做，就会去找一个借口；如果你想去做，那就会尽可能找方法。因此，找借口不如找方法。

每天，我们需要对自己说："我是一个不需要借口的人，我对自己的言行负责，我知道活着意味着什么，我的方向很明确，我知道自己怀着一种使命感做事情。我行为正直、自己做决定并且总是尽自己最大的努力。我不抱怨自己的环境，努力克服困难，不去想过去，而是继续去实现自己的梦想。我有完

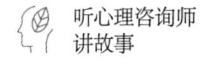

整的自尊，我不比别人差。作为一个没有任何借口的人，我对自己的才能充满信心。"

心灵物语

其实，在每一个借口的背后，都隐藏着丰富的潜台词，那就是逃避困难和责任。不过，如果是智者，他就会说："我会尽力想办法的。"当许多事情已成定局，我们只能寻找方法，而不是寻找借口。

第 13 章

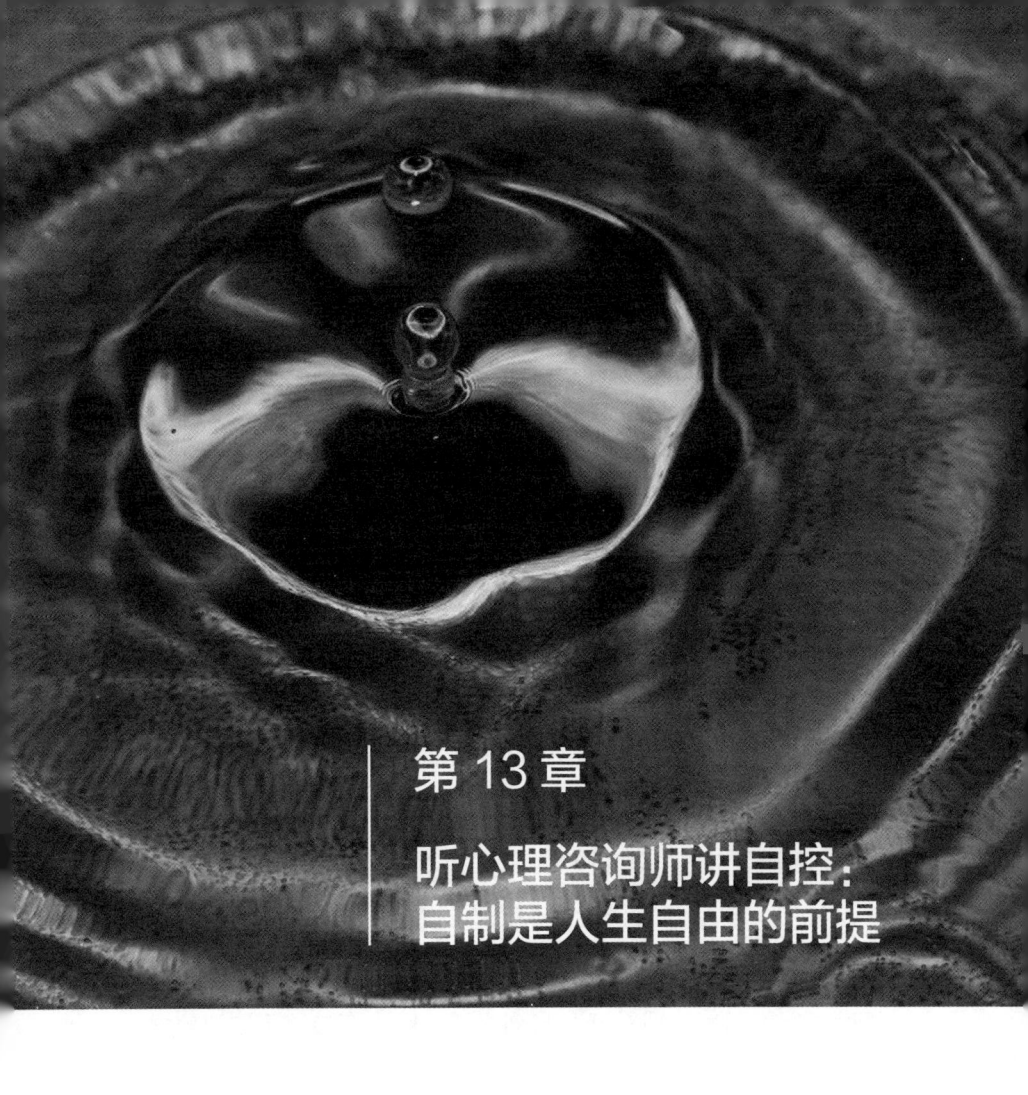

听心理咨询师讲自控：自制是人生自由的前提

克制是一种意志，一种历练，一种节制，一种忍耐。生活中，但凡有所作为，获取较大成功的人，一定是懂得克制的人；一个懂得克制的人，也往往是生活的强者和自己命运的主宰者。

谦逊低调，自负者无法实现更大的突破

一个人身处困境或者遇到不如意的事情，选择逆来顺受，这是暂时的弯腰。每个人都有这样的经验，当你弯下腰去，那么下一个动作就是有力地站起来。这两个看起来很迅速的简单动作，在人生的道路上却显现出不同的姿态。弯腰，在许多人看来这好像很没有骨气，还会让人联想到那些阿谀奉承、溜须拍马的嘴脸，但也会想到那些宁折不弯的傲然风骨。五柳先生的气节，不为五斗米而折腰；将士们的坚硬，士可杀而不可辱。这些都让人们对"弯腰"嗤之以鼻，而颂扬那宁折不弯的气节。

其实，在很多时候，人们都有这样的认识误区。韩信曾受胯下之辱，因为弯腰而成就了伟业；勾践卧薪尝胆，因为弯腰而复兴了国家；司马迁受宫刑之辱，因为弯腰写下了史家之绝唱。即便是那位赫赫有名的刘皇叔，也曾寄人篱下，寻求庇护，因为弯腰而成就了霸业。难道他们都是没有骨气的人吗？当然不是，真正有骨气的人，不拘小节，放得下架子，能在适当的时候弯腰，能因难以忍受的屈辱而弯腰，这样才能够成就大事业，因而弯腰是为了挺起而做准备。

小王大学毕业后，为了锻炼自己的能力、积累社会经验，一直在做业务方面的工作。这样，逐渐地积累了一些经验，他

为了更好地发展，跳槽到一家大型公司的业务部，他所担任的职位是协助新来的业务经理开展工作。那个业务经理也是新人，刚到公司一个多月，小王在工作中与他相处一段时间，就发现了那位经理不但在工作中存在着许多问题，而且脾气也不好。他业务能力较差，几乎是依靠下面的业务员拿业绩，而且不懂得尊重人，总是带着命令的口吻与下属讲话。如果工作中不小心出了错，他也不顾及下属的颜面，当众就把下属教训一顿。因此，许多业务员实在受不了，和他发生了争执就辞职走人了。

面对这样的经理，小王心里也很窝火，因为他自己也经常被训斥。但是，他并没有发作，而是始终笑脸以对，因为他心里很清楚，摆在他面前的只有两个选择，要么和经理大吵一架，然后走人；要么忍辱负重，等待时机。聪明的他选择了后者，半年以后，公司高层也发现了业务经理的问题，通过调查，认为他不适合做业务经理，就找了个理由把他辞退了。而小王，因为一直表现不错，被公司任命为业务经理，这下子，小王如鱼得水了，很快把业务开展了起来，为公司创造了很大的经济效益，赢得了公司上上下下的尊重。又过了几年，他被提拔为主管业务的副总经理，过上了有房有车的生活。每当谈起这一切的时候，小王就不无感慨地说："我能有今天，就是因为我当初懂得弯腰，而没有意气用事！"

每一个人在成长过程中，难免会遇到一些坎坷与挫折，遇到一些不尽如人意的事情，在这个时候，懂得弯腰，以一种隐忍的态度来面对，以一份从容的心态去面对眼前的境遇，这就是一种曲中求直的境界，一种审时度势、大智若愚的胸怀。弯腰并没有什么过错，只要你没有丧失志向，就有东山再起的机会。小王懂得了弯腰，在隐忍之后，他迎来了事业的春天。

据说，印度的孟买佛院是世界上最著名的佛学院之一，这个学院有一个细节是别的佛学院所没有的，那就是在大门的一侧又开了一个高仅1.5米、宽仅0.4米的大门，所有的人都能轻易地进入，只要弯下腰。虽然许多初到学院的人感到不解，但之后就无一例外地承认，这个小小的细节让他们受益无穷。

心灵物语

弯腰，是为了让自己的腰板挺得更直，宁折不弯是值得称赞的，然而，如果只是为了争一口气而宁折不弯，那就僵化了这种高尚的气节。弯腰并不是一种耻辱，而且能激发你的斗志，让你变得越来越强大。弯腰是一种智慧，这样的智慧会伴你走过人生路上的每一段风雨，迎来另一番彩虹绚丽的天地！

人生的成长，就是不断自我完善的过程

一个人如果想取得一番成就，实现心中的梦想，就必须下决心克服自己身上的那些弱点和缺点，尽可能弥补缺陷，修炼自己的心灵，完善自己的人格，只有这样才能成就人生的理想

和事业。

　　人生就是一个不断完善和超越自我的过程,即使我们不可能凡事做到尽善尽美,但是,我们应该努力让自己更好一点,努力去追求完美。只有向前努力了,生活才会给予你等同的回报。俗话说:"尺有所短,寸有所长。"我们只有真正了解自己的长处与短处,才能避己所短,扬己所长,才能给自己的人生进行准确定位。当我们认识到自己的不足之处时,就会不断完善自己,这也是进步的开始。

　　在美国第一任总统华盛顿的纪念碑旁竖着一块小石头,上面这样写着:"美国不建立贵族和皇室封号,也不要世袭制度,国家事务概由人民投票公决。"这几句话表达了美国人民追求民主、自由、幸福的强烈内心愿望,即使美国已经完全独立了,但它依然需要人民的支持与监督。在生活中,我们每个人都有自己的不足之处,只有不断地学习别人的长处,弥补自己的不足之处,才能完善自己的缺陷。向他人学习不是一件丢脸的事情,自己不懂装懂才是。

　　美国有个很有钱的富翁,但是,他却得不到别人的尊重,为此,他很苦恼,每天都想着如何才能得到他人的敬仰。一天,富翁在街道上散步,看到旁边有一个衣衫褴褛的乞丐,他心想自己机会来了。于是,富翁便在乞丐破碗中丢下了一枚金币,乞丐却头也不抬,忙着捉虱子。富翁感到很生气:"你眼睛瞎了吗?没看到我给你的金币?"乞丐还是没有正眼瞧他,回答说:"给不给是你的事,不高兴你可以要回去。"富翁很生气，又丢了十个金币在乞丐的碗中，心想这一次乞丐一定会向自己道歉，却不料，那个乞丐还是不理不睬。

富翁几乎要跳起来了，咆哮道："我给你十个金币，你看清楚，我是有钱人，好歹你也尊重我一下，道个谢你都不会？"乞丐懒洋洋地回答："有钱是你的事，尊不尊重则是我的事，这是强求不来的。"富翁一下子着急了："那么，我将我的一半财产分给你，能不能请你尊重我呢？"乞丐翻着白眼看着他，说："给我一半财产，那我不是和你一样有钱了吗？为什么要我尊重你。"一着急，富翁说道："好，我将所有的财产都给你，这下你可愿意尊重我了吗？"乞丐回答道："你将财产都给我，那你就成了乞丐，而我成了富翁，我凭什么要尊重你？"富翁一下子好像明白了什么，他抓住乞丐的手，真诚地说了一句："谢谢你！"乞丐也改变了之前的态度，看着他说："不用客气，您请慢走。"

如果一个人只看到了别人的缺点，却看不到别人的长处，就得不到别人的尊重。俗话说："三人行必有我师。"哪怕是一个乞丐，在他身上同样也有值得我们学习的地方。自我完善就是一个不断学习的过程，只要我们善于学习，能看到别人的长处，懂得取人所长补己之短，努力使自己更好一点，那么，总有一天我们会取得相应的成就。

在生活中，无论遇到什么样的人，不管是比自己优秀的人还是比自己稍逊色的人，我们都应该主动去倾听对方的想法和建议。在这一过程中，你会发现自己总是能够从别人的意见中受到启发，学到一些利于自己成长的经验。我们永远要记住"山外有山，天外有天"，对方身上可能有着自己没有的优点，而虚心地学习对方的长处，能够弥补自己的不足，从而完善自己。

一位著名的芝加哥商人说，自己需要花一个星期的时间去拜访国内的各同行商店，彼此交换对经营的看法，每年总要外出旅行一次，去考察各家著名商店的管理与经营。在每一次拜访与旅行中，他都在不断地完善自己，努力使自己的商店更好一点。试想，假如他不出自己的店门一步，不同其他商人交流，那么他自己所经营的商店就不会获得进步，只会永远在原地踏步，直至被社会所淘汰。

不要在生活达到某一点后就觉得已经满足了，正是由于不满足并不断超越自己，才能赢得最后的成功。如果我们总是自我满足、不思进取，那么无论是生活还是人生都将从此开始衰落。

心灵物语

每天早上起床时，我们都要下决心力求每一件事比昨天有所进步。当我们把事情做得比昨天更好些，每天向前走几步，一段时间过去之后，就会发现，自己会取得惊人的进步。

心中有阳光，就有希望

一个人若能够容忍他人的侮辱和冒犯，能够坦然接受失败和挫折，这样的人就是有担当的人，他在逆境之中总能保持积极的心态，能够在紧急的事情面前调整心态，做好事情。

当生活的不幸降临的时候，我们该怎么对待呢？有的人感到这好像是天塌下来了，什么都完了，他除了抱怨还是抱怨，总是向他人倾诉："我的命怎么这么苦啊？"结果，越想越苦，慢慢地，他也被不幸吞噬了。有的人则不然，他把生活的不幸当作自己的朋友，甚至当成自己人生的财富，后来，不幸真的成了他的朋友，当然，"朋友"是不会为难朋友的，他摆脱了不幸的遭遇。前者是拥有消极心态的人，在不幸遭遇面前，他只会生气、抱怨；后者是拥有积极心态的人，他总是将生活的不幸当朋友一样看待。对此，智者这样告诉我们：当生活的不幸来临时，积极的心态是一个人战胜艰难困苦，走向成功的助推器，试着和不幸做朋友吧！

35岁的王阳明在官场得罪了宦官刘瑾，而被廷杖四十，之后被流放到贵州龙场做驿丞。翻越千山万岭，风餐露宿，终于到达驿站。但眼前的驿站已经不能用破败不堪来形容了，墙壁已经倒了一面，茅草屋顶被大风刮得只剩下一点枯草，床铺破烂不堪，而且还发霉长毛。事实上，就算是这样恶劣的地方，被流放的王阳明也是没有资格住的。

王阳明看着眼前崎岖的山路，心中有一种说不出的滋味。但自己不是要做圣人吗？如果这么一点点困难都不能克服，如何成为圣人？想到这里，王阳明不再茫然，而是涌出一股壮志豪情，这外界的环境又怎么能束缚自己的内心呢？

于是，他带头砍树割草，开始搭建茅屋，在他的带领下，随行的人都抛开之前那种消极的情绪，开始积极投入劳动中。一个人只有在最艰难的时刻，潜能才能被激发出来。王阳明发现，当所有人都在搭建茅草屋的时候，精神好多了，好像力气也恢复了，每个人都被激发出一种神奇的力量。

面对生活的不幸，垂头丧气并没有任何作用。我们所要做的是调整内心的情绪，除了坦然面对，还需要改变我们的心态，凡事都往好处想。即使在不幸之中也要有希望，只要我们能抓住这种希望，并且把它当作前进的动力，我们就能够在不幸中重新站起来。

纵观那些卓有成就的历史人物，他们无一不是从不幸的遭遇中顽强奋斗并有所成就的。在他们身上，都有一个显著的特点：以乐观的心态面对不幸，将不幸当成自己的朋友。对于每一个人来说，生活和事业不可能都一帆风顺，都会遇到各种困难和不幸，但是，只要我们将不幸当成朋友，永远怀有事情还有转机的乐观心态，我们就一定能赢得成功。

一位将军去沙漠参加军事演习，妻子塞尔玛需要随军驻扎在陆军基地里。沙漠干燥高热的气候，全然陌生的环境，令塞尔玛感到很难受，而身边又没有可以倾诉的人，于是陷于孤独的塞尔玛经常给父亲写信，并在信中透露出自己想回家的强烈愿望。然而，拆开父亲的回信，只有短短的两行字："两个人从牢中的铁窗望出去，一个看到泥土，一个却看到了星星。"父亲的回信令塞尔玛十分惭愧，她决定要在沙漠里寻找星星。

从此以后，塞尔玛开始与当地人交朋友，彼此之间互相赠送礼品，闲来无事，她也开始研究沙漠里的仙人掌、海螺壳。慢慢地，她迷上了这里，通过亲身的经历，她还写了一本书，名为《快乐的城堡》。

沙漠并没有改变，当地的印第安人也没有改变，是什么使塞尔玛的生活发生了巨大的变化呢？心态，当然是心态，以前惧怕陌生的塞尔玛看到的只是泥土，但是，当这样的心态发生变化之后，她开始慢慢适应这个陌生的环境，并在体味中追寻到了快乐，甚至在沙漠里找到了星星。

心灵物语

如果我们能将不幸当成朋友，克制内心的苦恼，以积极乐观的心态看问题，我们就会发现，好像自己并没有想象中的不幸。虽然磨难来得无声无息，但是，它却在悄悄考验我们的反应。如果我们能够乐观面对，顽强抗争，逃离磨难的阴影，那么，我们将重新给心以幸福的方向，自己也将变得更加完美。

你唯一需要战胜的，是你自己

在这个世界上，最了解你的人就是你自己，人生中最大的对手同样是自己，一切困难的产生都源自你的心中。当你明白所有的折磨和障碍多数是自己制造的时候，你就有机会真正地克服它、战胜它。人生最大的敌人是自己，只要战胜了自己，就跨过了你人生中最大的栅栏。

孟子说"天将降大任于是人也，必先苦其心志，劳其筋骨，饿其体肤，空乏其身……"要成就一番事业，就要经得起苦难。我们只有在折磨中保持乐观的心境，磨炼自己更加坚强的意志，才能更加从容淡定地担起未来的大任。如果我们一直待在"安乐窝"里，那么面对大任，我们就会感到茫然无所适从，面对大任中的困难我们就会退却。所以，面对折磨，我们要锻炼更坚强的意志。

恐惧源自想象，折磨源自内心。内心的屈辱感，对现实的恐惧，对未来的绝望，更能折磨一个人。世界上自杀最多的人是诗人、画家、哲学家，并不是因为他们面对了更多的折磨，而是他们感知折磨的心更敏感。内心不敏感不足以捕捉生活中的异相和成就作品，但内心过于敏感，就更容易感知痛苦和折磨，更容易厌世与轻生。

在非洲中部地区干旱的大草原上，有一种体形肥胖臃肿的巨蜂。巨蜂的翅膀非常小，脖子也很粗短。但是这种蜂在非洲大草原上能够连续飞行250公里，飞行高度也是一般的蜂所不能及的。它们平时藏在岩石缝隙或者草丛里，一旦有了食物立即振翅飞起。尤其是当它们发现这一个地区气候开始恶劣，就要面临极度干旱的时候，他们会成群结队地迅速逃离，向着水草丰美的地方飞行。这种强健的蜂因而被科学家们称为非洲蜂。

但是科学家们对于这种蜂充满了无数的疑问。因为根据生物学的理论，这种蜂体形肥胖臃肿而翅膀非常短小，在能够飞行的物种当中，它们是飞行条件最差的。因为如果按照飞行条件，它们还不如鸡、鸭或鹅优越，尤其在蜂的大家族里，它们更是身体条件最差的。而根据物理学的理论，它们的飞行就更是不可思议的事情了。而再根据流体力学，它们的身体和翅膀的比例是根本不能够起飞的！

按照科学家的理论，这种蜂不要说自己起飞，就是我们用力把它扔到天空去，它的翅膀也不可能产生承载肥胖身体的浮力，会立刻掉下来摔死。可是事实却是恰恰相反的，它不仅不用借助我们的力量，完全依靠自己的力量飞行，而且是飞行的队伍里最为强健，最有耐力，飞行距离最长的物种之一。科学家们从来没有遇到过对科学进行这样挑战的物种。因为在这个小小的物种面前，所有关于科学的经典理论都不成立。

折磨分为两个方面，一方面是你肉体和心灵实际受到的折磨，另一方面是你的内心对折磨的感知程度。我们内心对屈辱、恐惧、绝望的感知就是一个放大镜，它会将我们受到的实际折磨无限扩大，直到觉得无法承受。一个人最大的敌人就是自己，最大的折磨，就是内心的感知。这并不是要我们麻木无知，而是要我们锻炼心理的承受能力。既然折磨是我们人生中不可缺少的一部分，那就让自己经受折磨，在折磨中变得更加坚强，更加沉着和成熟，收获更加坚韧丰富的人生。

心灵物语

人生最大的磨难,不是生活给了你多少折磨,而是你的内心给予自己的折磨。只要我们拥有宽广的心胸,坚强的意志,乐观的心态,就能够笑着面对任何苦难和折磨,就能把折磨我们的苦难变成通向光明的契机。

参考文献

[1] 刘墉. 你不可不知的人性[M]. 长沙：湖南文艺出版社，2017.

[2] 阿德勒. 洞察人性[M]. 张晓晨，译. 上海：上海三联书店，2016.

[3] 阿德勒. 理解人性[M]. 江月，译. 北京：中国水利水电出版社，2020.

[4] 曾仕强. 懒惰：人性的奥秘[M]. 北京：北京联合出版公司，2014.